THE BOOK
OF MEN'S SHOES MAKING

手工男鞋
制作教科书

日本高桥创新出版工房◎编著 〔日〕三泽则行◎审订 陈巧兰◎译

北京科学技术出版社

CONTENTS
目　录

从一张皮革到一双手工皮鞋

"手工男鞋"是个笼统的称呼，根据制作手法和款式，它可以细分为很多种类。本书主要介绍运用手缝沿条工艺制作皮鞋的过程。对于这种工艺，读者可能因运用这种工艺的鞋售价高昂而早有耳闻。这并非炒作，因为在手工皮鞋行业，这种鞋算得上工艺最精细、对手工要求最高的鞋。以三泽工作室为例，运用手缝沿条工艺制成的手工皮鞋的平均售价为30万日元（折合人民币近2万元）。考虑到它的制作过程之复杂，这样的售价可以说是相当合理的。

本书主要介绍两款手工男鞋，分别是采用闭合式鞋耳设计的牛津鞋，以及采用开放式鞋耳设计的德比鞋。这两款既是男鞋中的经典款，也是手工皮鞋的基本款，因此，可以说是学习手工男鞋制作的必学款式。希望本书可以帮助各位读者跨出学习手工制作男鞋的第一步。

罕见的、由一个人独立完成
所有工序的手工皮鞋制作工作室

本书中的作品都是由纯手工制作皮鞋的三泽工作室（MISAWA & WORKSHOP）的创始人——三泽则行老师制作的。在皮鞋行业，制鞋的过程细分为很多道工序。一般而言，每一道工序都由专业人员负责。这样分工合作并没有什么不好的。即使是接受私人定制的地方，大多也由相应的专业技术员分工合作来完成一双鞋的制作。而在三泽工作室，一双鞋的制作从头到尾全凭三泽老师一人之力完成，这样的工作室现今真的很罕见。之所以如此坚持，是因为他过于热爱皮鞋制作。只有从零开始一点一滴完全靠自己手工缝制，制造出独一无二的鞋子才能让这份热爱之情得到酣畅淋漓的抒发。

磨砺技艺的动力

制作鞋子的技艺，无论哪一种都不是一朝一夕就能学会的。制作鞋子时，从设计纸型、制作鞋帮、绷楦到缝内线、装外底以及装鞋跟等，每一步都有专人负责，可见制作难度之高。而且，既然花了大价钱定制手工皮鞋，顾客对鞋子的质量肯定有很高的要求。因此，如果要一个人独立完成皮鞋的制作，自然就要求制作者的技艺超过负责某一工序的专业人士的。怎样才能做到这一点呢？三泽老师认为，要做到这一点不仅要求制作者保持较高的工作效率，而且要求制作者不断磨砺技艺——追求更高的水准和更高的品质。本书在详细介绍三泽老师制作私人定制手工皮鞋的过程中，也向读者展现了手工匠人那种孜孜不倦、不断精进的工作状态。

Oxford

■ 牛津鞋

男鞋基本款之一

　　牛津鞋也叫巴尔莫勒尔鞋，采用闭合式鞋耳设计，是男鞋的基本款之一。鞋耳指的是鞋的系带部分。"闭合式鞋耳"的意思是两片鞋耳紧紧相对，系好鞋带后基本闭合，之间几乎没有缝隙。牛津鞋起源于17世纪英国的牛津大学，当时的大学生为了抵制传统的长筒靴，纷纷开始穿低帮皮鞋，于是牛津鞋就流行起来。巴尔莫勒尔鞋的称呼则源于苏格兰的巴尔莫勒尔城堡，英国的艾伯特王子（Prince Albert Victor Christian Edward）曾经穿着牛津鞋在这座城堡里露面。牛津鞋是男鞋中最正式的正装皮鞋，在红白喜事等正式场合都能派上用场，所以在这里我们选用最经典的黑色皮革来制作。

Derby

■ 德比鞋

休闲舒适是它 最大的优点

德比鞋也叫布吕歇尔鞋，与牛津鞋同为男鞋的基本款。与牛津鞋相对，它采用的是开放式鞋耳设计，也就是说，它的两片鞋耳之间有缝隙，可以露出鞋舌。德比鞋比较宽松，适合较为休闲的场合。德比鞋跟在英国举办的德比赛马的创办者德比伯爵有些渊源——它因德比伯爵提倡在赛马场观看比赛时穿这样的皮鞋而得名。其别名布吕歇尔鞋，则源于普鲁士陆军元帅布吕歇尔对这类鞋的设计进行过改良。在本书中，为了体现德比鞋的休闲风格，我们选用棕色皮革来制作。

手工男鞋的主要部件及用料

这里我们先介绍手工男鞋的主要用料。手工男鞋的主要用料是牛皮。除了具有防水这一天然皮革都具备的特性外，牛皮还具有粒面毛孔细小且稠密以及透气性能佳等特性。再加上其表面光滑、纤维紧密，可谓制作皮鞋的最佳选择。不过，鞋子不同部位对牛皮厚度及鞣制方法的要求不尽相同。

帮面宜选用轻薄且弹性好的铬鞣牛皮。内里则应该选用混合鞣制（铬鞣与植鞣相结合）的牛皮或者猪皮。而位于帮面和内里之间的衬件，包括内包头（位于包头处的帮面和内里之间，起定型及保护鞋帮头部的作用）和主跟（位于后帮处的帮面和内里之间，同样起定型作用），以及鞋底——包括内底（靠近脚底一侧）和外底（靠近地面一侧）——则要使用厚度超过3mm的植鞣皮，尤其是外底，需要使用耐磨性较好的皮革。

除了皮料之外，制作皮鞋还需要一些辅料。从构造上看，内底和外底之间有间隙，用来填充间隙的那一层材料我们称为填充层，一般情况下我们使用的是软木碎。但是为了防止走路时填充层和内底、外底之间因摩擦而产生噪声，也可以配合使用无纺布。鞋腰（位于脚心处）还要安装勾心（也叫腰铁，一般装在内底之下、外底之上），它就像鞋子的脊柱一样，起抗弯折的作用。有了它，鞋子就不易变形。此外，制鞋还需要制作鞋跟的部件以及鞋钉等材料。

■ 帮面

帮面即鞋面，指鞋帮中可以从外面看到的部分，包括包头、前帮、鞋耳及鞋舌等。帮面宜选用1~1.5mm厚的铬鞣牛皮，裁切部件时要避开有伤痕或者褶皱的部位。

本书中牛津鞋的帮面使用的是1.4mm厚的黑色小牛皮　　本书中德比鞋的帮面选用的是1.4mm厚的棕色小牛皮

■ 内里及后跟垫

帮面与内里互为表里。内里指鞋帮中与脚接触的那一面，包括前帮内里、侧帮内里和鞋耳内里等。除了侧帮内里外，前帮内里和鞋耳内里使用的都是0.8~1mm厚的混合鞣制牛皮，后跟垫也是如此。而侧帮内里使用的是0.8mm厚的猪皮。

柔软的、厚度约为1mm的皮革最适合做内里　　侧帮内里使用的是厚度为0.8mm且轻薄透气的猪皮

■ 衬件

衬件包括内包头和主跟，使用的都是3mm厚的植鞣牛皮。

从皮革中间往边缘一点点地削薄，边缘部分做片边出口处理

■ 内底

内底是鞋底中与脚掌接触的部分，所以使用的皮革除了要求耐磨之外，还应具备良好的吸水性，以防因脚汗而造成鞋内湿滑。制作内底时，应该让皮革的粒面朝上。

这里我们选用的是厚度为4~6mm的植鞣革。内底要根据楦底的形状制作

■ 外底

外底是鞋底中直接接触地面的部分，与内底一起起保护脚不受外力冲击的作用。因此，要选择质地坚硬、不易弯曲且耐磨性好的皮革。制作时，应该让皮革的粒面朝下，跟地面接触。

本书中德比鞋外底使用的橡树鞍革——最高级的皮革之一

■ 填充层

填充层用来填充内底和外底之间的空隙，一般使用软木碎。

用软木碎和白乳胶混合制成的填充物

为了避免填充层跟内底和外底因摩擦而产生噪声，可以配合无纺布使用

■ 勾心

勾心是装在鞋腰处、起支撑足弓作用的部件。

以前人们也使用过竹制的勾心，现在用的大多是钢制和铁制的

■ 鞋跟

鞋跟由几层跟皮粘贴在一起制作而成。这里我们使用的是鞋跟专用皮革。

从左上方按照顺时针顺序依次为：增加高度用的鞋跟里皮；调整弧度用的盘条；装在鞋跟最底层、与地面接触的鞋跟面皮，也称天皮

■ 鞋钉

鞋钉是用来固定鞋跟的钉子，有木钉、铁钉和黄铜钉等。使用时需根据具体用途来选择。

木钉 主要用来固定鞋跟

铁钉 主要用来将几层鞋跟里皮固定在一起

黄铜钉 一般用作装饰

11

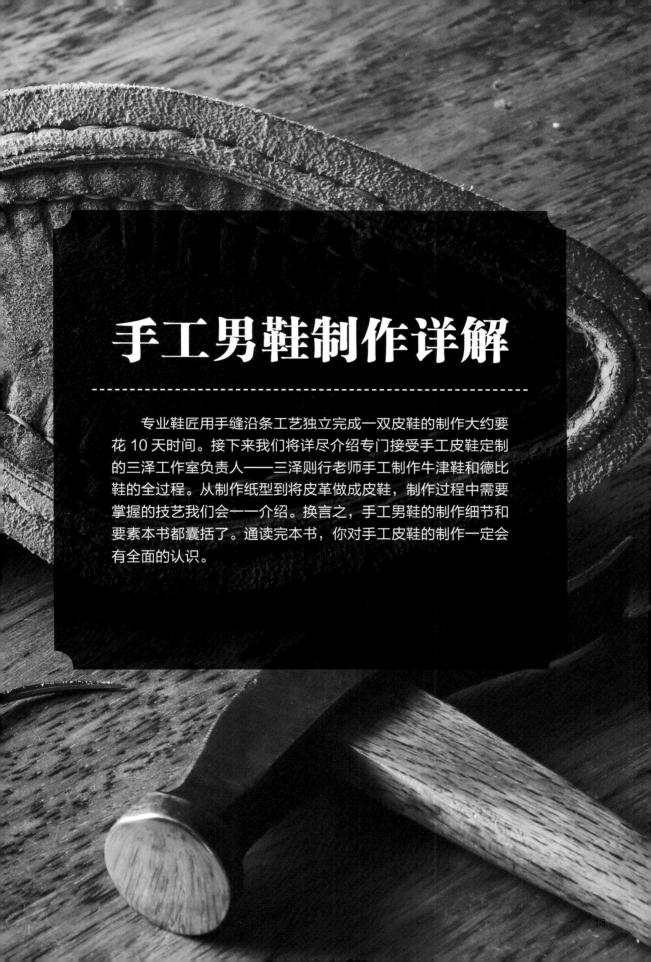

手工男鞋制作详解

专业鞋匠用手缝沿条工艺独立完成一双皮鞋的制作大约要花 10 天时间。接下来我们将详尽介绍专门接受手工皮鞋定制的三泽工作室负责人——三泽则行老师手工制作牛津鞋和德比鞋的全过程。从制作纸型到将皮革做成皮鞋，制作过程中需要掌握的技艺我们会一一介绍。换言之，手工男鞋的制作细节和要素本书都囊括了。通读完本书，你对手工皮鞋的制作一定会有全面的认识。

Oxford

牛津鞋制作教程

牛津鞋最大的特点是采用了闭合式鞋耳设计。在此基础上，牛津鞋又可分为一片式（前帮与鞋耳连为一体）、两片式（前帮与鞋耳分别制作）和三片式（前帮的鞋头部分，即包头单独设计）。此外，牛津鞋还可以根据前帮帮面是否雕花、雕花是什么形状来分类。这里要制作的牛津鞋采用了三片式设计，包头与前帮帮面的衔接处设计了一字形雕花。帮面整体选用黑色皮革，外底则是黑色和原色相间（鞋腰是黑色的）。外底周围还压了装饰边框。总体而言，这是一款严谨中略带个性的牛津鞋。

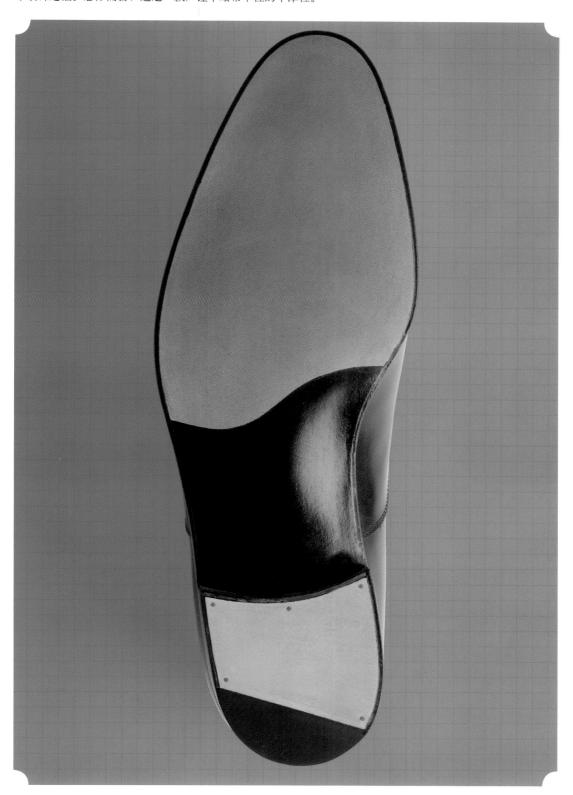

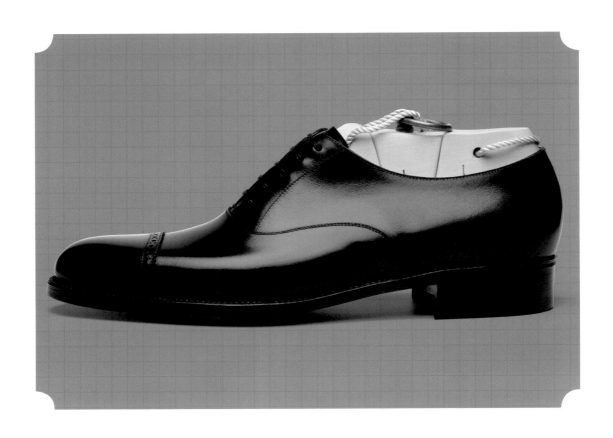

Oxford

**闭合式鞋耳设计
是牛津鞋的标志。**

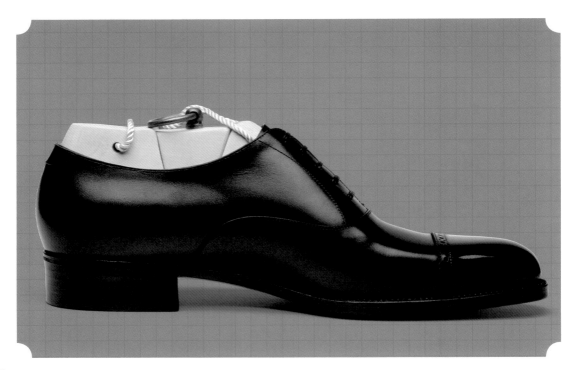

画款式图・制作纸型

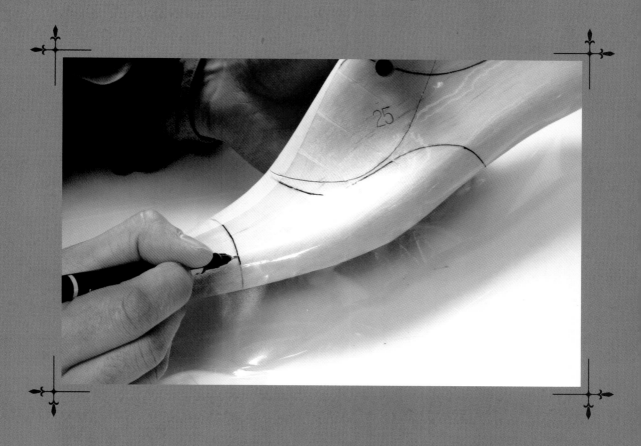

　　在鞋楦上直接描画出鞋子的立体款式图，是制作手工皮鞋的第一步。接下来，将立体图转化成平面图，并且制作纸型。纸型相当重要，纸型是否准确在很大程度上决定了手工皮鞋能否制作成功。

画款式图

因为每个人的脚型不尽相同，所以根据脚型定制的鞋楦各有各的特征。制作皮鞋时，首先要做的便是熟悉鞋楦的特征，并准确地将鞋楦临摹下来，在此基础上才能开始设计款式。可以说，熟悉鞋楦的特征是设计出合脚的皮鞋的第一步。虽然牛津鞋的样式基本是固定的，但是哪怕改变一根线条的位置，都会使鞋子整体的风格发生很大的变化。比起闭门造车，看着鞋楦设计款式更有助于我们把握鞋子的风格和制作细节。

01
现在在网上商店中也可以买到鞋楦。这里使用的鞋楦是三泽工作室自制的。制作时需先准备一对跟顾客的脚大小一致的鞋楦，然后根据具体情况削掉多余的部分、补上缺少的部分，进行适当的调整。

02
画款式图时要将鞋跟的高度考虑在内。因此，开始设计时，最好找一个硬物来充当鞋跟，将鞋楦垫到合适的高度。

03
画图时首先要将鞋楦的轮廓准确地临摹到纸上。

04
很重要的一点是纵横比例不能失调。

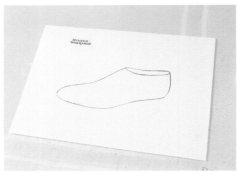

05
这是临摹好的轮廓素描图。接下来要补充细节。

06 先在鞋楦素描图上叠放一张稍微有点儿透明的、厚薄适宜的画纸。

07 放好后，用夹子夹住顶端，将两张纸固定住，这样画纸就不容易移位了。

08 在鞋楦素描图的基础上，在上面的画纸上画款式图。

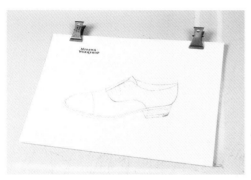

09 开始画的时候下笔要轻，画完再慢慢调整。

10 画好后，将所有线条用力描清晰。

11 这是画好的牛津鞋款式图。画的时候尽量将所有细节都画清楚，这样更容易让人想象鞋做好后的立体效果。

● 鞋楦：制作皮鞋的模具，决定了皮鞋的款式及舒适度。其材质除了木头的，还有树脂的，需根据顾客的脚型定制。

制作纸型

制作纸型的过程是将立体款式图转化成平面图的过程。纸型是否准确，在很大程度上决定了成品鞋是否合脚。因此，这一步可谓关键中的关键。纸型的制作方法因人而异，没有固定的评判标准，不能草率地说这样做正确，那样做错误。三泽老师制作纸型的方法非常烦琐，用很少的篇幅很难描述清楚，所以这里只能简单地介绍一下。书中的数据都是三泽老师在实际操作中真实使用的。手工皮鞋爱好者可以在此基础上自创一套纸型制作方法。

制作纸型时需要参考的数据

图中数值是制作纸型时需要参考的数据，它们是三泽老师在实际操作中测得的数据的平均值

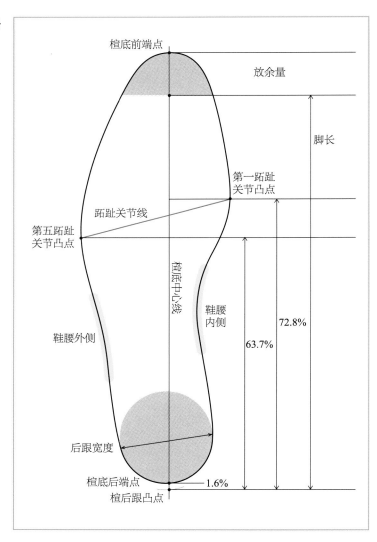

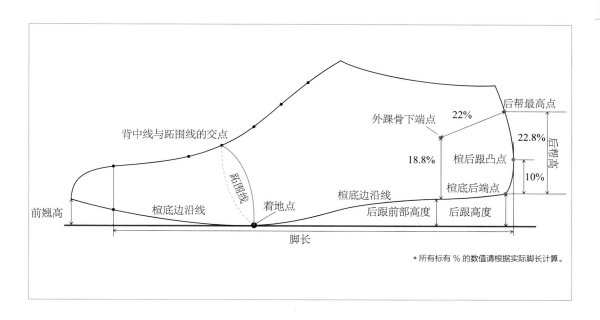

图中标注：
- 背中线与跖围线的交点
- 跖围线
- 外踝骨下端点
- 22%
- 后帮最高点
- 22.8%
- 18.8%
- 榿后跟凸点
- 后帮高
- 10%
- 前翘高
- 榿底边沿线
- 着地点
- 榿底边沿线
- 榿底后端点
- 后跟前部高度
- 后跟高度
- 脚长

*所有标有 % 的数值请根据实际脚长计算。

✦ 制作内底的纸型

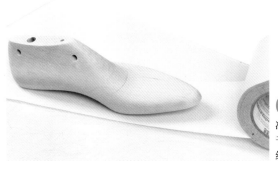

01 准备一卷宽度略大于鞋榿宽度的美纹纸胶带。

02 将美纹纸胶带从榿底中部开始往四周贴，尽量避免起皱。

03 如图，在超出榿底鞋腰外侧的美纹纸胶带上每隔 1cm 划一道口子。

04 把划开的部分也贴到鞋榿上，这样美纹纸胶带能更好地贴在榿底上。

05 如图，超出鞋腰内侧的胶带也要划开并贴到鞋榿上。

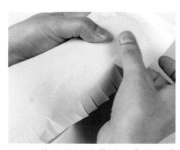

06 将美纹纸胶带严丝合缝地贴到鞋楦后跟上。

07 用绘图铅笔在胶带上描出除鞋腰内侧以外的楦底轮廓。

08 描完后，就能在美纹纸胶带上看到楦底的基本轮廓了。

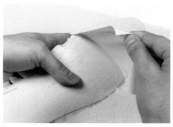

09 将美纹纸胶带从楦底上揭下来，注意不要将它撕破。

10 将揭下来的美纹纸胶带小心地粘到绘图纸①上，注意不要让它起皱。

11 这是粘好之后的样子。

12 用美工刀沿着描好的轮廓线裁切。

13 没有描线的部位先粗裁，注意多留点儿空间。

14 这是粗裁好的纸型，图中下方凸起的部分是鞋腰内侧。

15 将纸型前端竖着对折，确定前端点。

16 同样，将后端也竖着对折，确定后端点。

17 用绘图铅笔标出两个端点。

---

① 这里用的是肯特纸，它是一种绘画用纸，纯白色，表面光滑，不易起毛，硬度大，上色后不易晕染，得名自最初的产地——英国肯特州。

——译者注

18 用直尺连接两个端点，画出
楦底中心线。

19 借助于云形尺画鞋腰内侧。
先画楦底前半部分轮廓线与
鞋腰内侧相交处的延长线。

20 图中的短弧线就是上一步画
的延长线。

21 画出与鞋腰内侧相交的后半
部分轮廓线的延长线，换用
云形尺曲率较小的部分画。

22 图中的长弧线就是第二条延
长线。

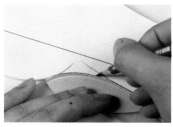

23 用云形尺在两条延长线之间
画出一条弧线，将它们自然
地连在一起。

24 图中的第三条弧线就是鞋腰
内侧的轮廓线。

25 用美工刀沿着画好的弧线将
多余的部分裁掉。

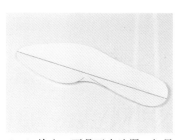

26 检查一下是否有遗漏。如果
没有，内底纸型就裁切好了。

27 参考第 20 页的示意图，标记
出第一和第五跖趾关节的凸
点，并在它们之间连线。

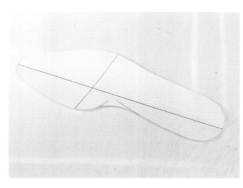

28 至此，内底纸型就制作完
成了。

◆ 在鞋楦上做标记

01 首先用胶带将内底纸型粘在楦底上。

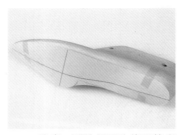

02 注意，要让纸型边缘跟楦底边缘对齐。

03 沿着内底纸型上鞋腰内侧的边缘在楦底上画弧线。

04 同样，将内底后端点标在鞋楦上。

05 将内底前端点也标在鞋楦上。

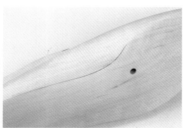

06 取下内底纸型，检查一下楦底前后两个端点以及鞋腰内侧的弧线是否画好了。

07 接下来，在鞋楦统口前端的中点做记号。

08 在统口后端的中点做记号。

09 它们就是统口的前后端点。

10 将一条长短适宜的透明胶带贴在塑胶板上并借助于直尺在胶带上面画一条直线。

11 画好后将透明胶带从塑胶板上揭下来。

12 让胶带上的直线两端分别对准楦底前端点和统口前端的中点。

13 对准以后，一点点地把胶带贴在楦面上。

要点

14 目测一下，看一看胶带是否贴直。

15 用直尺进一步确认。这两个端点之间的线就是背中线。

16 用同样的方法将楦底后端点与统口后端点连成线。这条线叫后弧线。

17 用美工刀沿着背中线在楦面上划出印迹。

18 同样，沿后弧线在鞋楦后帮上划出印迹。

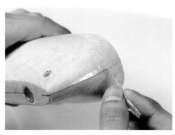

19 划好后，揭掉透明胶带。

20 这是线划好的样子，接下来的工序会用到这两条线。

21　在后弧线上做记号。这个记号与楦底后跟边沿线的距离为脚长的 22.8%（若脚长 25cm，则标记距离边沿线 5.7cm）。

22　根据做好的标记钉钉子。

23　这根钉子的位置就是牛津鞋的后帮最高点。

24　如图，在距钉子为脚长的 22% 且距楦底边沿线为脚长的 18.8% 的点上做标记。

25　做好标记后，用锥子扎孔。

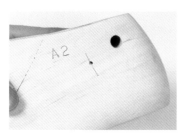

26　这个孔就是外踝骨下端点。

27　对照款式图在鞋楦上画线条。

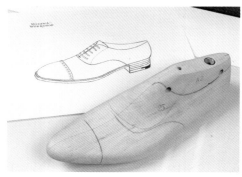

28　这是画好之后的样子。只画鞋楦外侧的线条即可。

◇ 将楦面上的标记描到透明贴纸上

帮面上方的开口要垂直于背中线

下方的开口尽量不要超过楦底边沿线

确定鞋楦上的各个基准点并画好款式图后，在鞋楦上贴透明贴纸，为制作基础样板做准备

01 将鞋楦侧放在透明贴纸上，剪下足够覆盖这一侧的贴纸。

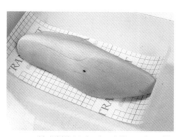

02 按同样的方法再剪一张足够覆盖另一侧的贴纸。

03 剪好贴纸后将贴纸的底纸揭掉，从鞋楦内侧开始往楦面贴贴纸。

04 把贴纸紧紧地贴在楦面上，不要拉扯，以免贴纸产生褶皱。

05 因为楦面是立体的，所以不管怎样贴贴纸都会有贴不紧的部分，此时不要勉强贴紧。

06 将超出背中线的那部分贴纸剪掉，剪的时候留点儿余量。

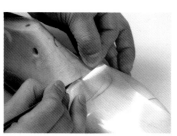

07 用美工刀在透明贴纸边缘横着割几道长约 2cm 的口子。

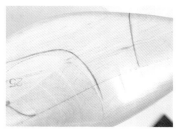

08 剪开的贴纸会微微张开，自动贴在楦面上。

09 再用美工刀沿着背中线裁切贴纸。

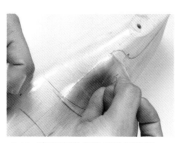

10 将超出背中线的贴纸撕掉。

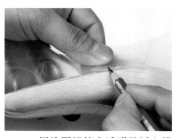

11 用绘图铅笔在透明贴纸上描出楦底轮廓线。

12 在鞋腰内侧的透明贴纸边缘也横着割几道口子。

13 微微拉开开口，将鞋腰内侧的透明贴纸贴好，注意不要贴皱。

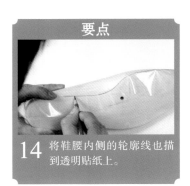

要点

14 将鞋腰内侧的轮廓线也描到透明贴纸上。

15 往鞋楦后帮贴贴纸时，先贴上方，然后用绘图铅笔将后弧线的上半部分描到贴纸上。

16 揭开后帮上刚贴好的贴纸，从后帮下方开始重新贴。

17 将后弧线的下半部分也描到透明贴纸上。

18 将楦底后跟的轮廓线也描到透明贴纸上。

19 确认没有遗漏后，就可以揭下贴纸了。注意不要用力过度，以免弄坏贴纸。

20 将揭下来的透明贴纸贴到复印纸上，注意要贴平整。

21 这是绘有内侧楦面线条的透明贴纸贴在复印纸上的样子。

22 接下来往鞋楦外侧贴贴纸。

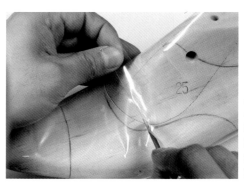

23 跟贴内侧时一样，小心贴，以免贴纸起皱。外侧帮面弧度相对较大，口子要切得长点儿。

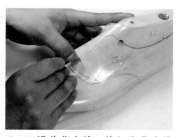

24 沿着背中线，将超出背中线
的透明贴纸裁掉。

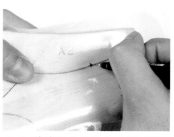

25 将脚踝处的线条和标记准确
地描在贴纸上。

26 将帮面上的线条（包括设计
线）都描在贴纸上。

27 用绘图铅笔将外侧楦底的轮
廓线也描到透明贴纸上。

28 后帮同样先贴上方，再将后
帮上的标记线以及后弧线的
上半部分描到贴纸上。

29 揭开透明贴纸，从下方开始
贴，再把后弧线的下半部分
也描到透明贴纸上。

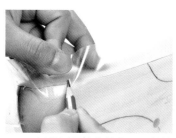

30 用绘图铅笔将楦底后跟的轮
廓线描在透明贴纸上。

31 揭下透明贴纸，注意不要弄
破了。

32 把透明贴纸平整地贴在另一
张复印纸上。

33 这是绘有外侧楦面线条的透
明贴纸贴在复印纸上的样子。

34 用美工刀沿着透明贴纸上的
轮廓线进行裁切。

35 这是外侧楦面纸型裁好的样
子。按同样的方法裁切内侧
楦面纸型。

◆ 绘制鞋楦一侧的轮廓

01 将裁切好的外侧楦面纸型放在绘图纸上，用0.3mm的自动铅笔描边。

02 用圆锥在外踝骨下端点等重要标记上扎孔。

03 为了便于区分，将内侧楦面纸型放到薄一点儿的棕色绘图纸上描边并剪下来。

要点

04 在内侧楦面纸型的背中线上以及鞋腰处剪儿道间隔约2cm的口子。

05 将内侧楦面纸型叠放在外侧楦面图上，对齐前端，并用胶带固定。

06 将前帮部分也对齐，并沿内侧楦面纸型前端底边在绘图纸上画线。

07 把后帮部分的底边对齐，并用胶带固定底边两端。

08 用胶带固定后帮部分的顶边。这时，内侧楦面纸型会产生一些小褶皱。

09 将背中线开口的边缘对齐，用自动铅笔沿内侧楦面纸型的背中线在绘图纸上描边。

10 沿着内侧楦面纸型的后弧线在绘图纸上描边。

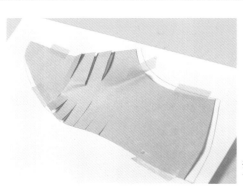

11 把必要的线都描好后，取下内侧楦面纸型。

◆ 绘制鞋楦另一侧的轮廓

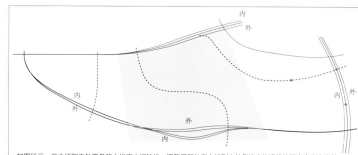

如图所示，背中线取内外两条背中线正中间的线，调整后新的背中线到内外侧楦底边沿线的距离会产生偏差。
为保证精确，内外侧楦底边沿线按下面的说明进行调整：
若调整后的背中线比内侧背中线低 1mm，则内侧楦面图纸中的背中线往下调整 1mm，其楦底边沿线也跟着往下调整 1mm；
若调整后的背中线比外侧背中线高 1mm，则外侧楦面图纸中的背中线往上调整 1mm，其楦底边沿线也跟着往上调整 1mm。

内外侧楦面都描在绘图纸上后，如图所示，调整背中线、后弧线，最后调整楦底边沿线

01 在内外侧楦面图纸的两条背中线的正中间画一条线，作为基础样板的背中线。

02 将绘图纸上原有的两条背中线擦掉，调整新画的线条并描清晰。

03 画基础样板后弧线。找到内外后弧线各自的中点，连接后确定连线的中点，做记号。

04 将云形尺贴着上一步做的记号，用铅笔在内外后弧线正中间画一条线。

05 中间的就是新画好的后弧线。

06 将绘图纸上原有的两条后弧线擦掉，只留下新画的。

07 检查一下外踝骨下端点的位置有没有偏移，如果偏移就需重新确定。确定后帮最高点。

08 后弧线上与楦底边沿线的距离为脚长的10%的点为楦后跟凸点，做标记。

09 借助于直尺将鞋头到前帮之间的背中线画直。

10 将之前剪好的外侧楦面图纸的背中线跟绘图纸上的背中线对齐，用胶带固定。

11 用描线轮将外侧楦面图纸上帮面的设计线描到绘图纸上。

12 揭下图纸，在内外侧楦底边沿线下方23mm处分别画底边，多出的部分即为绷帮量。

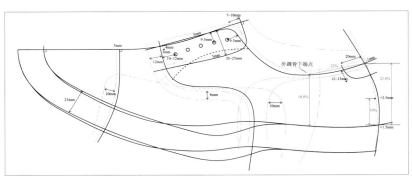

图为加上 23mm 宽的绷帮量的样子。后弧线也要稍稍外扩以加上主跟材料的厚度，帮面上的设计线要跟背中线垂直相交

13 这是加上绷帮量的样子。

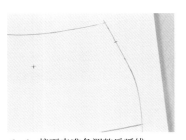

14 接下来准备调整后弧线。

15 将步骤 08 确定的楦后跟凸点往外平移 2.5mm，做标记。

16 将后弧线的上端点往里移 1mm，下端点往外移 1.5mm，做好标记。

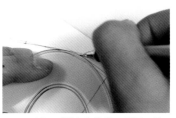

17 用云形尺连接前面做好的 3 个标记，画一条新的后弧线。

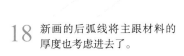

18 新画的后弧线将主跟材料的厚度也考虑进去了。

19 调整帮面上的设计线，使之垂直于背中线。

20 以描线轮留下的印记为基准，用云形尺将线描清晰。

21 这是基础样板大致的样子。

22 接着画狗尾式后帮。如图，在统口线上距离后弧线上端点 20mm 处做标记。

23 在后弧线上距离上端点 12~13mm 处做标记。

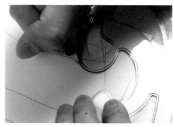

24 借助于云形尺连接步骤 22 和步骤 23 做的标记，画狗尾式后帮。

25 这是狗尾式后帮画好的样子。

26 将鞋舌处的背中线（也就是鞋舌的中线）画成直线。

27 在上一步画好的直线下方做几个标记，标记与直线的垂直距离应为 9.5mm。

28 借助于直尺将做好的标记连成一条直线。

29 这是直线画好的样子。这条线就是打鞋眼的基准线。

30 测量基准线两端之间的距离，间隔均匀地做开孔标记。

31 这是开孔标记做好的样子。

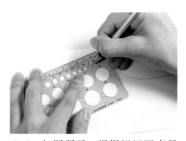

32 如图所示，根据标记画直径 3mm 的鞋眼并使其排列成弧形。

33 借助于云形尺调整与鞋眼之间的距离，在鞋耳处画装饰线。

34 在图中所示的帮面上的长设计线后方 3mm、鞋舌背中线下方 4mm 处做标记。

35 上一步做好的标记就是套结的位置。

36 在步骤 26 所画的直线的延长线上、距统口线 7~10mm 处做标记。

37 以步骤 36 中做好的标记为起点，往下画一条长 20~28mm 的垂直于背中线的线。

38 借助于云形尺曲率较小的部分，沿着这条线的端点往前帮方向画弧线，使之与帮面上的长设计线相交。

39 至此，鞋舌就画好了。

◆ 绘制内里的线条

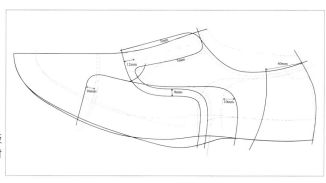

接下来，要根据基础样板的线条，绘制内里以及衬件的线条

01 在图中所示的设计线外侧12mm处画一条与之平行的线,作为鞋耳内里前端裁切线。

02 将上一步画好的线条借助于云形尺画清晰、画完整。

03 这是鞋耳内里前端裁切线画好的样子。

04 在步骤02画的线内侧4mm处,画一条与之平行的线,作为前帮内里后端裁切线。

05 将上一步画好的线用云形尺描清晰。

06 前帮内里后端的裁切线画到鞋舌附近即可。

07 鞋舌内里的裁切线位于鞋舌裁切线内侧3mm处,与鞋舌裁切线平行。

08 借助于云形尺将鞋舌内里的裁切线与前帮内里后端的裁切线连在一起。

09 如图,使云形尺贴着前端的鞋眼,与之成45°角,画弧线。

10 这是前帮内里后端裁切线和鞋耳内里前端裁切线画好的样子。

11 在统口线上距后弧线35~45mm处做标记。

12 从步骤11做的标记出发画一条跟楦底边沿线相交的弧线。

13　上一步画的线就是内外侧鞋耳内里的接缝线。

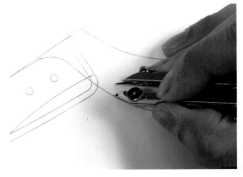

14　在统口线上方 5mm 处画一条与其平行的线。

15　在鞋舌处背中线上方 5mm 处画一条与其平行的线。

16　借助于云形尺将步骤 14 和 15 中的两条线连起来并描清晰，这条线就是鞋耳内里上方裁切线。

17　接下来画内包头后端裁切线。在距帮面上的短设计线 3mm 处（靠前帮一侧）做标记。

18　从上一步做的标记出发，借助于云形尺画弧线，使之与短设计线平行。

19　画主跟上端的裁切线，它位于统口线下方 2mm 处。先做标记，再画线。

20　以主跟上端的裁切线为基准，主跟外侧底边的长度约为 10cm，确定好底边的长度后，画主跟外侧前端裁切线。

21　在距主跟外侧前端裁切线约 20mm 处（靠前帮一侧）做上标记。

22　借助于云形尺，挨着上一步做好的标记画主跟内侧前端裁切线。

23　这是主跟内外侧前端裁切线画好的样子。

24　在距主跟外侧前端裁切线10mm处（后帮一侧）做标记并借助于云形尺画线。这条线就是侧帮内里后端裁切线。

25　侧帮内里前端在距内包头后端裁切线10mm处（鞋头一侧），做标记并画线。

26　这是侧帮内里裁切线画好的样子（侧帮内里跟内包头重叠了10mm左右）。

27　用美工刀沿着绘图纸上外围的线条裁切。直线部分可以借助于直尺裁切。

28　鞋舌处的裁切线跟背中线会产生落差。

29　背中线一定要裁直。

30　后弧线也要精确裁切。

31　裁切后弧线时，上端一定要裁到统口线处。

32　内外侧底边的线条是相交的，一定要沿着外围的线条裁切。

33　这是按照外围的线条裁切好的纸型。

34 在鞋眼的标记处用直径 3mm 的圆冲打孔。

35 在套结的标记处用直径 1mm 的圆冲打孔。

36 用美工刀沿着纸型上的线条划上划痕。

37 不要划到线条的起点、终点以及交叉点。

38 狗尾式后帮等部位的短线上也要划上划痕。

39 背中线上方凸出的部分可以先裁切下来。

40 这是将凸出的部分裁切下来的样子。

41 划完后，在线条的终点和起点用圆锥扎孔做标记。

42 这是在所有线条的起点和终点扎完孔的样子。

43 用圆锥沿着线条上的划痕再描一遍。

44
描完后，用 0.3mm 的自动铅笔描出所有线条。将纸型翻到反面，很容易就能看清所有线条。

45 这是做好的基础样板。我们会在这个样板的基础上，制作各个部件的纸型。

● 包头：皮鞋前端的部件，原本是为防止脚尖受伤而设计的保护性部件，现在主要起装饰作用。

◆ 制作包头的纸型

01 在绘图纸上画一条直线。

02 将基础样板的前帮背中线与上一步画的直线对齐，用自动铅笔将包头处的线条描到绘图纸上。

03 包头底部要沿着基础样板外围的线条描画。

04 这是拿掉基础样板后看到的图样。

05 以绘图纸上的背中线为轴，将基础样板翻到另一面，对称地画出另一侧的包头。

06 用同样的方法将基础样板上包头处的线条描到绘图纸上，这是拿掉样板后的图样。

07 将外围的线连在一起，用美工刀沿着线条裁切。

08 在距包头纸型后端6mm处（内侧）画一条平行线。

09 这条平行线是装饰线。

10 如图所示，用直径 1mm 的圆冲沿着平行线打孔。

11 如图，用美工刀将孔之间的线段切成镂空的样子。

12 图中是经过镂空处理的样子。

13 在前端点以及内侧边缘的中点各切一个牙口。

14 至此，包头的纸型制作完成。

◆ 制作前帮的纸型

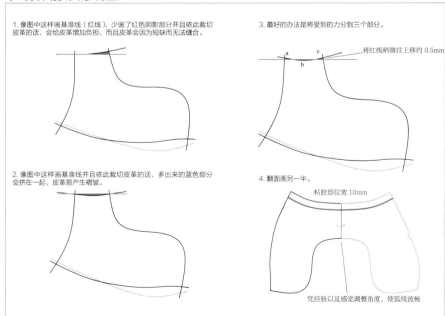

1. 像图中这样画基准线（红线）、少画了红色阴影部分并且依此裁切皮革的话，会给皮革增加负担，而且皮革会因为短缺而无法缝合。

2. 像图中这样画基准线并且依此裁切皮革的话，多出来的蓝色部分会挤在一起，皮革易产生褶皱。

3. 最好的办法是将受到的力分到三个部分。

将红线稍微往上移约 0.5mm

4. 翻面画另一半。

粘胶部位宽 10mm

凭经验以及感觉调整角度，使弧线流畅

制作前帮的纸型有一些小窍门。这是纸型制作中最难的一步，处理并调整细节时感觉很重要，需要制作者有一定的经验和基础。制作时可以参考图中给出的窍门

术语解说

● 前帮：帮面前侧，有时也包括包头，比如这里的牛津鞋。

01 在绘图纸上画一条直线，使其与基础样板的前帮背中线对齐，并按照上页的第三种方法将基础样板往上移0.5mm，贴上胶带固定。

02 用自动铅笔将样板上前帮前端的轮廓描到绘图纸上。

03 底边有内外侧之分，描的时候注意不要弄混（参见上页）。

04 注意不要将帮面的裁切线跟内里的裁切线弄混。

05 这是描好的一侧前帮。

06 以步骤01画的直线为基准，将样板翻到另一侧并固定住，绘制另一侧的前帮。

07 这是前帮纸型大致描好之后的样子。

08 图中所示的基准线两侧会形成尖角，把顶点往外侧调整2~2.5mm并做标记。

09 借助于云形尺，经过标记画流畅的弧线。

10 这是调整后的样子。

11 在图纸前端加10mm宽的粘胶部位。

12　这是加了粘胶部位的样子。

13　用美工刀沿着调整过的线条裁切。

14　如图所示。在粘胶部位内侧的线条上用直径 1mm 的圆冲打孔。

15　孔与孔之间的线段用美工刀刻成镂空的样子。

16　这是做好的前帮纸型。

◈ 制作鞋舌的纸型

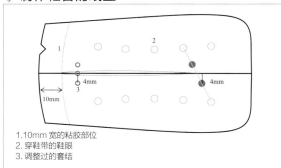

1. 10mm 宽的粘胶部位
2. 穿鞋带的鞋眼
3. 调整过的套结

将基础样板上鞋舌的轮廓描到绘图纸上。如图所示增加 10mm 宽的粘胶部位。套结在中线两侧距中线 4mm 处

01　在绘图纸上画直线，将样板上鞋舌处的背中线与画好的直线对齐。

02　将鞋舌的轮廓描到绘图纸上。鞋舌前端跟前帮后端在一条线上。

03　描鞋眼时，只需描从后往前数的第一个。

04　这是一侧鞋舌描完的样子。

05　将样板翻到另一边，接着描鞋舌的另一侧。

06　描另一侧的鞋眼时，只需描从后往前数的第二个。

07　这是鞋舌大致描好的样子。

要点

08　鞋舌前端加 10mm 宽的粘胶部位。

09　如图，借助于云形尺曲率较小的部分画线。

10　连接两个鞋眼的圆心，画一条直线。

11　在套结的位置画直径 1mm 的圆，作为套结的孔位。

12　在步骤 10 画的线上、中线两侧与鞋舌中线的垂直距离为 4mm 处分别画直径 3mm 的圆。

13　这是鞋舌上必要的线条都描好的样子。

14　用美工刀沿着鞋舌外围的线条进行裁切。

15　用圆冲在套结的孔位以及步骤 12 画的孔位上打孔。

16
这是做好的鞋舌纸型。如
图所示，在前端内侧的中
点剪一个牙口。

◆ **制作鞋耳的纸型**

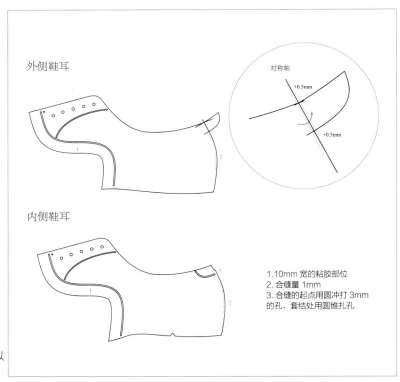

外侧鞋耳

对称轴

+0.5mm

+0.5mm

内侧鞋耳

1. 10mm 宽的粘胶部位
2. 合缝量 1mm
3. 合缝的起点用圆冲打 3mm
的孔，套结处用圆锥扎孔

内外侧鞋耳的形状不一样，所以
要分开制作

01 将样板上鞋耳的轮廓描到绘
图纸上。

02 在鞋耳前端加 10mm 宽的粘
胶部位。

03 借助于云形尺将粘胶部位的
弧线画流畅。

04 弧线后段要加 1~1.5mm 宽的合缝量。先确定位置，再做标记。

05 这是在弧线后段外侧加了 1mm 宽的合缝量的样子。

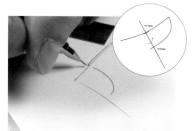

06 如图在与狗尾式后帮相交的鞋耳后端外侧 0.5mm 处做两个标记。

07 连接标记，画线。

08 用圆锥描一遍狗尾式后帮的轮廓线，将其拓宽。

09 用美工刀将狗尾式后帮与统口线相交的那一部分切开。

10 用美工刀轻轻将步骤 08 描的线划开，再沿着步骤 07 画的线将绘图纸折叠。

11 用铅笔通过步骤 09 中的切口将狗尾式后帮的轮廓描到绘图纸背面。

12 这是将绘图纸打开后其背面的样子。

13 用美工刀沿着画好的狗尾式后帮的轮廓线裁切。

14 翻到绘图纸正面，沿着轮廓线将鞋耳裁切下来。制作内侧鞋耳的纸型时，无须将狗尾式后帮描到绘图纸背面。

15 裁切好鞋耳纸型后，用圆冲在鞋眼上开直径 3mm 的孔，在套结处开直径 1mm 的孔。

16 将内侧鞋耳纸型上狗尾式后帮的线条刻成镂空的样子。

17 将粘胶部位内侧线条以及鞋耳装饰线上孔与孔之间的线段刻成镂空的样子。

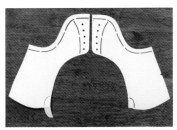

18 这是制作完成的鞋耳纸型。

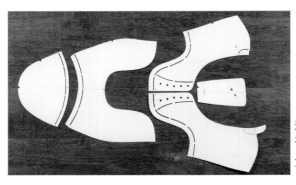

这是整个帮面的纸型。左右脚是对称的，制作另一只鞋时只要将纸型翻面就可以了

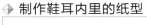

◆ 制作鞋耳内里的纸型

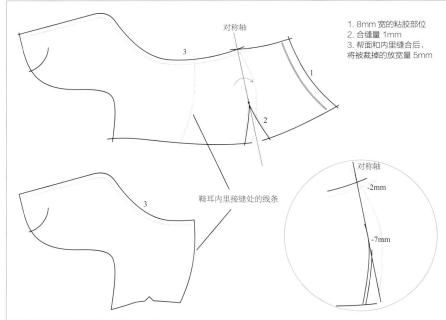

1. 8mm 宽的粘胶部位
2. 合缝量 1mm
3. 帮面和内里缝合后，将被裁掉的放宽量 5mm

对称轴

鞋耳内里接缝处的线条

对称轴
-2mm
-7mm

这是制作鞋耳内里纸型所需的重要数据。内外侧鞋耳的内里有所不同，一定要注意

01 将基础样板上鞋耳内里的图样描到绘图纸上，大的为鞋耳外侧内里，小的为内侧内里。

02 在统口线外侧加 5mm 宽的放宽量（要比鞋耳帮面多裁一些），这个部分之后会用冲里刀修掉。

03 在距鞋耳内里后端弧线的下半段 7mm 处（内侧）画一条与之平行的线。

04 借助于云形尺将上一步画好的线条描清晰。

05 在统口线上距离后端弧线 2mm 的位置做标记。

06 将步骤 04 画的弧线的上端点与上一步做的标记连成直线，用刀划上划痕，作为对称轴。

07 把线条描清晰，然后将多余的线擦掉。

08 从对称轴下端开始，在步骤 03 画的平行线外侧 1mm 处，再画一条平行线。

09 这多出来的 1mm 宽的部分就是合缝量。沿外侧的平行线裁开，不裁对称轴。

10 将鞋耳内里接缝处的线条划开并用圆锥拓宽。用美工刀沿除对称轴外的轮廓线裁切。

11 翻面，沿对称轴将裁开的纸型折过来，将上一步划开的线左侧的轮廓描到绘图纸上。

12 打开折上来的纸型，就能看到如图所示的图形。

● 放宽量：皮革贴合以后，用冲里刀修掉的多余的部分。

● 合缝量：缝合时要向两边均分的缝份。

13 在步骤 11 画的轮廓线外侧加 8mm 宽的粘胶部位。

14 借助于云形尺将粘胶部位外侧的线条画流畅。

15 用美工刀沿着纸型新增部分的轮廓线裁切。

16 裁切后端弧线下半段时同样要留出 1mm 宽的合缝量。

17 在粘胶部位的内侧线条上用圆冲开孔，孔与孔之间的线段用美工刀刻成镂空的样子。

18 内外侧纸型前端的短弧线（见第 35 页步骤 09）也要镂空。

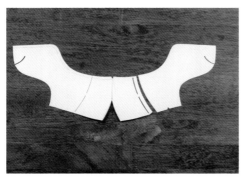

19 这是制作完成的鞋耳内里纸型。

✦ 制作前帮内里的纸型

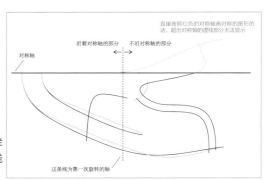

图 1：画前帮内里的图形时，调整基础样板的角度，将超出对称轴的部分（虚线部分）画到对称轴上及其下方

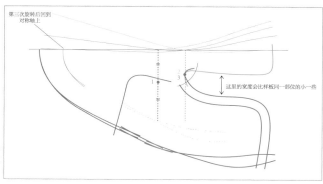

图2：调整样板时，样板旋转的次数可能因纸型形状的不同而增加。第三次旋转后，描绘的鞋舌附近内里的形状基本与基础样板一致

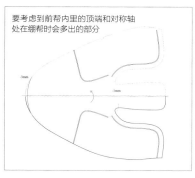

将内外侧前帮内里画在同一张绘图纸上

01 跟制作前帮、鞋舌等的纸型一样，先在绘图纸上画一条直线作为对称轴。

02 将基础样板前帮处的背中线跟绘图纸上的对称轴对齐。

03 描底边的时候，将内外侧的都描下来（只描直尺左边的部分）。

04 这是部分描好后的样子。前帮跟侧帮内里贴合的部分也要描出来。

05 借助于圆锥，顺时针旋转基础样板，使套结正上方的背中线跟对称轴对齐。

06 继续描内外侧的底边。

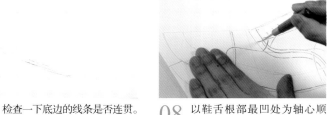

07 检查一下底边的线条是否连贯。

08 以鞋舌根部最凹处为轴心顺时针旋转样板。

09 使鞋舌处的背中线与鞋舌顶端线条的交点在对称轴上，将鞋舌的轮廓描在绘图纸上。

10 这是画好鞋舌轮廓的样子。

11 以鞋舌根部最凹处为轴心逆时针旋转样板，使前帮处的背中线与楦底边沿线的交点重新回到对称轴上。

12 将与鞋舌相交的前帮下端的线条描完整。

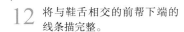

13 将底边描清晰，然后擦掉多余的线条。

14 这是内侧和外侧的线画好的样子。

15 将鞋舌凹处及图2中红线和橙线相交处多余的线条擦掉。

16 这是样板旋转后画的线条被描清晰后的样子。

17 用美工刀沿着对称轴轻轻地划出印迹。

18 将前帮顶端往内挪3mm，借助于云形尺将线条画流畅。

19 在对称轴下方 1mm 处画一条与它平行的线。这样做是因为绷帮时内里会多出一部分。

20 图中是一侧前帮内里画好的样子。

21 用美工刀沿着图形外围的线条裁切。

22 鞋舌部分也按照调整过的线条裁切。

23 图中是一侧前帮内里裁好的样子。

24 沿对称轴折叠裁好的内里。

25 用铅笔将折过去的轮廓描在绘图纸上。

26 用描线轮将内侧底边描到绘图纸上。

27 借助于云形尺用铅笔沿着描线轮留下的印迹描一遍。

28 沿着外围的线条裁切。

29 相交后沿内侧的线条裁切。

30 这是前帮内里纸型裁切好的样子。

31 沿着图样的对称轴对折，在侧帮内里粘贴部位的两端，用圆冲开直径 1mm 的孔。

32 孔之间的线段用美工刀刻成镂空的样子。

33 其他地方的贴合部分也刻成镂空的样子，前帮内里纸型就制作完成了。

◆ 制作侧帮内里的纸型

01 将基础样板放在绘图纸上，将侧帮内里的线条描到绘图纸上。

02 这是外侧的侧帮内里描好的样子。接着将内侧的描好。

03 借助于云形尺将线条描得清晰、流畅。

04
沿着画好的轮廓线裁切。在内侧纸型上剪个牙口作为标记。

◆ 制作内包头的纸型

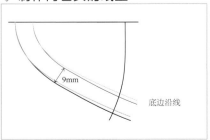 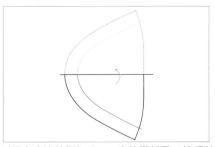

9mm

底边沿线

内包头是放在鞋头里面的一个衬件。制作其纸型时要在底边外侧加 9mm 宽的绷帮量，然后以中线为对称轴画另一侧的图形并裁切

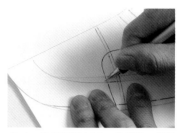

01 在绘图纸上画一条直线，将样板的背中线与之对齐，然后将内包头的轮廓描到绘图纸上。

02 画好后，将样板翻到另一侧，注意，要将背中线与直线对齐。

03 另一侧画好的样子。

04 在轮廓线外侧加 9mm 宽的绷帮量。

05 借助于云形尺用铅笔将上一步画的线描得清晰、流畅。

06 加上绷帮量后，内包头纸型就画好了。

07 用美工刀沿外围的线条裁切。

08 这是做好的内包头纸型。在其顶端和内侧分别剪一个牙口作为标记。

◆ 制作主跟的纸型

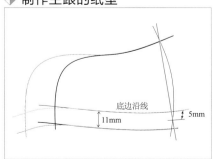

底边沿线
11mm
5mm

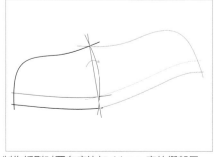

主跟是装在后帮部分的帮面与内里之间的衬件。制作纸型时要在底边加 11mm 宽的绷帮量

01 将样板上主跟的图形描到绘图纸上。

02 接下来准备画另一侧的主跟。

03 在底边下方 5mm 处做标记。

04 将上一步做的标记和主跟弧形的交点连成一条直线。

05 在底边下加 11mm 宽的绷帮量，画线。

06 借助于云形尺将上一步画的线条描清晰。

07 沿着外围的线条进行裁切。

08 沿着加了绷帮量的标记线进行裁切。

09 这是一侧主跟裁好的样子。

10 沿着步骤 04 画的直线将裁好的一侧主跟折叠。

11 将这一侧的轮廓描到绘图纸上面。

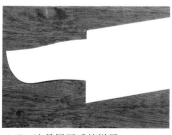

12 这是展开后的样子。

13 用美工刀沿着另一侧主跟的轮廓线裁切。

14 沿着步骤 02 画好的主跟内的线条裁切。

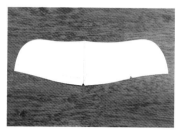

15 这是制作完成的主跟纸型。在内侧主跟以及中线下方各剪一个牙口做标记。

◆ 制作鞋跟的纸型

01 将内底的纸型放在绘图纸上，将其后端的轮廓描在绘图纸上面。

02 找到中线，做标记。

03 连接上一步做的标记，画出中线。

04 鞋跟的长度是脚长的 24%~28%，确定好鞋跟长度后画前端的轮廓线。

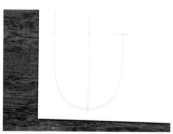

05 这是鞋跟大致画好的样子。

06 在除前端以外的轮廓线外侧3mm 处画平行线。

07 用云形尺将上一步画的线条描流畅。

08 裁切时，在前端的轮廓线外留点儿余量，在中线上划出印迹。

09 沿着中线对折纸型。

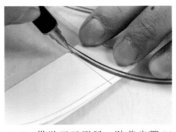

10 借助于云形尺，贴着步骤 04 画的前端轮廓线，画一条弧度适当的弧线。

11 用美工刀沿着上一步画好的弧线进行裁切。

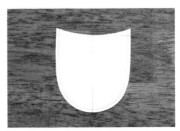

12 这是制作完成的鞋跟纸型。

◆ 制作后跟垫的纸型

01 将内底的纸型放在绘图纸上，将后端的轮廓描到绘图纸上。

02 在画好的轮廓线外侧3mm处，画与之平行的线。

03 借助于云形尺将上一步画的线条描流畅。

04 后跟垫的长度大约是脚长的40%，确定好长度后画前端的轮廓线。

05 画靠近鞋腰的线条时可以自由发挥。

06 沿着画好的线条裁切，后跟垫的纸型就制作完成了。

纸型制作得成功与否，等鞋子做好就知道了

纸型制作是否成功，等鞋子做好后才能确定。因此，制作纸型是极为考验手工鞋匠技艺的一关，也是最值得挑战的一关。

先做样品来检查纸型有没有问题

专业的手工鞋匠一般不会在做好纸型后直接开始制作皮鞋，而会先用档次较低的皮革（比如有褶皱或伤痕的皮革）做一件鞋帮的样品，并且通过预绷帮来检查纸型有没有问题。

先用正式制作时不会用的档次较低的皮革，按照纸型做出鞋帮的样品，做完后将样品套在鞋楦上。

跟正式制作时一样，准备绷帮。

先钉几根钉子，将帮面固定在鞋楦上。

为了保证纸型精确、及早发现有偏差的地方并进行修改，内里也要绷楦。

同时押住帮面和内里，确保鞋帮跟鞋楦能严丝合缝地贴合。

无须将全部帮面绷帮，在关键位置钉几根钉子，让帮面延展并贴在楦面上，有鞋的样子即可。

这是样品预绷帮完成的样子。

在鞋帮样品上修改感觉有偏差的线条，并在此基础上修改纸型。

手工制鞋所需的主要工具①

画线和做标记的工具

下面是制作纸型时会用到的画线和做标记的工具。在正确的位置做标记或画线，是手工制鞋过程中最基本的工序之一。因此，会选用恰当的工具来操作是对手工制鞋者最基本的要求之一。

自动铅笔（笔芯直径 0.3mm）

描纸型上的线条时，一般用自动铅笔。因为要透过基础样板上镂空的线条将图形描到绘图纸上，所以适宜用比较细的笔芯。

绘图铅笔

这里使用的是德国思笔乐牌绘图铅笔，这个牌子的绘图铅笔能在塑料等材质上画出清晰的线条，将鞋楦上的线条描到美纹纸等上面时非常好用。

云形尺

主要用来辅助画弧线。借助于云形尺可以将从基础样板上描下来的线条画得更流畅、更清晰。

游标卡尺

削薄皮革部件时，可以用游标卡尺测量皮革的厚度。

直尺

主要用来画直线或确定基准点。

圆规

用于做多个等距的记号。需要在边缘的线条上做等分标记时，用圆规更方便。

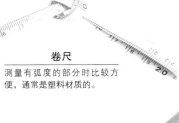

卷尺

测量有弧度的部分时比较方便，通常是塑料材质的。

银笔

可以轻松地将纸型描到皮革上，也可以直接在皮革上做标记。

可以装银笔芯的圆规

将银笔芯装在圆规上，用来在皮革上做等分标记或者画线。

挖槽器

用来在皮革上挖槽，这样埋在槽缝里的缝线不易磨损。使用方法：设定好间距，挨着皮革边缘画线。

描线轮

轮盘周围有一轮尖齿，能压出点状印痕。这里主要用于描纸型上的线条。

制作鞋帮

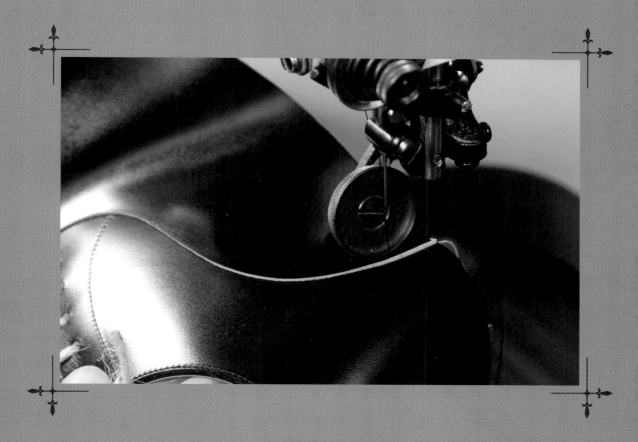

接下来我们将按照纸型裁切出鞋帮的各个部件，削薄，然后组装和缝合。因为纸型是根据立体的鞋楦设计的，所以将各部件缝合在一起后，我们就可以看到牛津鞋的雏形了。注意，鞋帮主要是用缝纫机车缝的。

裁切各个部件

　　本节的标题顾名思义，即按照纸型从皮革上裁切部件——先用银笔将各个部件的轮廓描到皮革上，用剪刀粗裁后，再用裁皮刀精裁。

　　皮革属于天然材料，每张皮革都有自身的特性，所以挑选皮革时一定要仔细，要会鉴别皮革，选好部位再裁切。裁切帮面时，注意挑选没有疤痕、纤维组织均匀紧密、粒面光滑的部分。内里也一样，虽然它的要求不像帮面的那样高，但我们还是要尽量选择外观较好的部分。此外，将纸型放在皮革上描轮廓前要考虑皮革纤维的走向，大家可以参考下面的皮革纤维走向图。

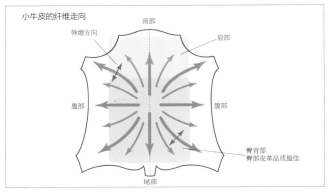

小牛皮的纤维走向
颈部
伸缩方向
肩部
腹部
腹部
臀背部
臀部皮革品质最佳
尾部

明确了皮革的纤维走向和纤维密度后，选择合适的部位进行裁切

◈ 描绘纸型

01 这是这次制作牛津鞋帮面所用的皮革。先将整张皮革平铺在桌子上。

02 双手抻一抻皮革，确定纤维走向。

03 根据纤维走向，确定每个部件该选哪个部位的皮革。

04 将帮面所有部件的纸型都铺在皮革上，检查一下有没有遗漏。

05 用银笔将纸型的轮廓一一描在皮革粒面上。

06 记得将事先进行过镂空处理的装饰线描到皮革上。

07 描的时候力道不要太大，能看清楚线条即可。

◆ 粗裁

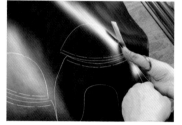

01 在画好的轮廓线外侧，用剪刀粗略地裁出各个部件。

08 这是将帮面各个部件都描在皮革上的样子。注意，左右脚的纸型是对称的，不要描成一模一样的。

02 除非技艺特别娴熟，否则都不推荐直接在皮革上精裁。

03 接下来裁切内里需使用的皮革。先用银笔将前帮内里的轮廓描到皮革上。

04 描好后粗裁出前帮内里。

05 描除侧帮内里以外的其他部件，无须区分左右脚。

06 依次对各个部件进行粗裁。

07 裁切侧帮内里前，在猪皮粒面描出轮廓，然后粗裁。

08　这是粗裁的包头和前帮。

09　这是粗裁的鞋耳及鞋舌。

10　这是粗裁的前帮内里。

◆ 精裁

11　这是粗裁的鞋耳内里以及后跟垫。

12　这是粗裁的侧帮内里。

01　先对前帮进行精裁。用裁皮刀沿着轮廓线的内侧裁切。

02　接下来裁切包头，先用花边剪刀剪后端边缘。

03　再用裁皮刀沿着包头前端的边缘裁切。

04　裁切鞋耳时注意其后端的狗尾式后帮等小部位。一定要小心，以免裁得不精确。

05　接下来裁内里。因为使用的皮革比较薄，所以一次裁不好的话，很容易产生褶皱。

06　裁切时，一定要牢牢地按住皮革。

07　侧帮内里所用的猪皮很薄、很软，裁切的时候要一直按着皮革。

术语解说

● 边条：此处的边条用在统口处，夹在帮面和内里之间，起防止皮革被拉伸变形的作用。

◆ 裁切好的帮面的各个部件

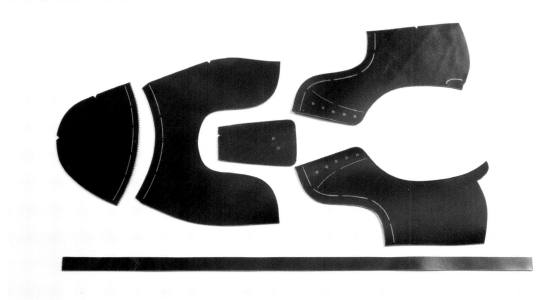

这是一只脚的帮面部件。边条跟帮面裁自同一张皮革，规格为 15mm×500mm

◆ 裁切好的内里的各个部件

这是一只脚的内里部件。因为与帮面各部件粘贴时肉面相对，所以内里皮革的粒面朝向鞋里

削薄各个部件

　　部件与部件粘贴后，皮革自然变厚。为了避免皮革过厚，需事先对皮革进行削薄处理以调整厚度。鞋帮是由帮面和内里两层皮革贴合而成的，通常要对粘贴后处于下方的内里的边缘进行片边出口处理，即从距皮革边缘10mm处开始往边缘斜着削薄，直至边缘部分只剩下薄薄的一层粒面。削薄不到位的话，部件贴合处的皮革变厚，会给人不适感。虽然可以用裁皮刀手动削薄，但是用皮革削薄机的话更加方便快捷。

◆ 削薄包头

01　手工削薄当然没问题，不过如果有皮革削薄机，工作效率会大大提升。

02　首先对包头肉面将和前帮贴合的部分进行削薄处理。

03　这是处理前的包头肉面。

04　在包头肉面距包头后端边缘5mm处，斜着削，直至边缘厚度变为原来的1/3左右。

05　这是包头肉面经过削薄处理的样子。

◆ 削薄鞋舌

01　下面对鞋舌肉面的前端（图中的上端）进行削薄处理。

02　这是处理前的鞋舌肉面。

03　在距前端边缘10mm处开始斜着往边缘削薄。

04　这是鞋舌肉面经过削薄处理的样子。

◆ 削薄前帮

01 对前帮肉面要跟包头贴合的部分进行削薄处理。

02 这是处理前的前帮肉面。

03 从距前帮边缘 10mm 处开始斜着往边缘削薄。

04 这是前帮肉面经过削薄处理的样子。肉面下方的边缘也要削薄。

◆ 削薄鞋耳

01 鞋耳跟前帮的贴合部位、狗尾式后帮的贴合部位及统口线周边都要进行削薄处理。

02 这是处理前的鞋耳肉面。

03 削薄时，有弧度的部位要仔细操作，保证削得均匀。

04 这是鞋耳肉面削薄后的样子。内侧（图右）跟狗尾式后帮贴合的部位也要削薄。

◆ 削薄边条

01 边条也要进行削薄处理。

02 这是处理前的边条肉面。

03 从两侧往中间斜着削，两端也要削薄。

04 这是边条肉面经过削薄处理的样子，整个肉面呈中间凸起的山形。

◆ 手工修整

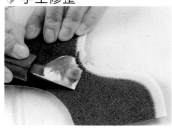

01 用皮革削薄机处理后，再手工修整，把细节处理完美。

02 像狗尾式后帮等很小的部位，用机器很难处理，就要用裁皮刀削薄。

03 如图所示，为了让鞋舌更加贴合脚背，鞋舌两侧也要斜着削薄。

◆ 削薄鞋耳内里

01 鞋耳内里的前端等部位也需要进一步处理。

02 这是处理前的鞋耳内里肉面。

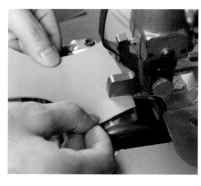

03 斜着将鞋耳内里外侧的贴合部位削薄。

04 这是鞋耳内里的贴合部位以及统口线周边削薄的样子。

◆ 削薄前帮内里

01 用削薄机对前帮内里进行削薄处理。

02 这是处理前的前帮内里的肉面。前帮内里跟鞋耳内里贴合的部位要进行削薄处理。

03 内里皮革比较轻薄，用削薄机削难度较大，可以考虑手工削薄。

◆ 削薄后跟垫

04 这是前帮内里的肉面削薄后的样子。

01 从距后跟垫前端边缘 10mm 处开始往边缘斜着削薄。

02 这是处理前的后跟垫的肉面。

03 这是处理后的后跟垫的肉面。

◆ 手工修整

内里用的皮革比较薄，所以需要在一些部位进一步手工修整。

◆ 手工削薄鞋耳内里

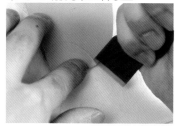

01 根据纸型上的标记，在鞋耳内里前端的相应部位裁一道口子。

02 手工削薄切口周边肉面的边缘。

03 这是切口周边的肉面经过削薄处理的样子。

04 内外侧鞋耳内里相对应的部位进行同样的处理。

◈ 手工削薄侧帮内里

01 侧帮内里的顶边以及两条侧边的肉面都需要削薄。

02 这是侧帮内里的肉面。猪皮的粒面和肉面很容易混淆，处理时要分清楚。

03 猪皮很柔软，注意不要削破。

04 这是侧帮内里的肉面削薄后的样子。

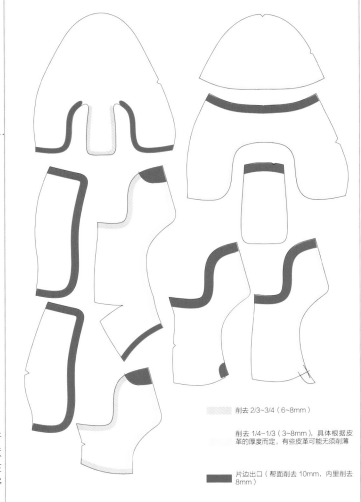

这是每个部件需要进行削薄处理的部位示意图。削得细致与否会在很大程度上决定皮鞋舒适与否

削去 2/3~3/4（6~8mm）

削去 1/4~1/3（3~8mm），具体根据皮革的厚度而定，有些皮革可能无须削薄

片边出口（帮面削去 10mm，内里削去 8mm）

组装和缝合鞋帮

接下来，我们需要将裁切好并经过削薄处理的部件进行组装和缝合。在这个过程中，平面的皮革会被一点点地组装成立体的造型。由于缝合工作全部由缝纫机完成，制作者应该能熟练使用缝纫机。这两道工序需要制作者十分细心，就连三泽老师也说："除非身体和精神状态都非常好，否则不要轻易进入这个行业。"可见，手工制鞋是相当费神的工作，千万不可大意。

◆ 处理帮面各部件

01 将各部件粒面的贴合部位用玻璃片刮毛糙或用粗砂纸打磨毛糙。

02 这是因为粒面比较光滑，直接粘贴的话贴合部位很容易开胶。

03 将鞋耳粒面要跟前帮贴合的部位刮毛糙。

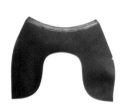

04 将前帮粒面要跟包头贴合的部位刮毛糙（贴合时，包头在上，前帮在下）。

要点

05 修饰贴合后会露在表面的切面。先用打火机烧掉上面的毛刺。

06 然后涂上封边剂封边。图中是在处理鞋耳统口线一侧的切面。

07 鞋舌的切面也会露出来，同样要涂上封边剂封边。

08 在需要打孔的位置做标记。图中是在包头的装饰线外侧，每隔8mm做一个装饰孔标记。

09 在上一步做好的标记上打出直径2.5mm的母孔。

10 这是在包头上打好母孔的样子。检查一下间距是否相等。

11 在每两个母孔之间，再用直径 1mm 的圆冲打两个子孔。

12 这是打好子孔的样子。如图所示，子孔也要均匀分布。

13 鞋舌上也要打孔。根据纸型上的标记，在皮革上相应的位置用直径 3mm 的圆冲打孔。

◈ 组装鞋耳内里

14 这是打好孔的鞋舌。接下来准备组装内里，将帮面先搁置在一旁。

01 将内外侧鞋耳内里的部件准备好。

02 在两个部件的贴合部位涂上皮革软胶，内侧的涂在肉面，外侧的涂在粒面。

03 将涂了胶的部位叠放在一起，将内侧和外侧的鞋耳内里粘在一起。

04 用扁尾锤轻轻敲打粘贴部位，确保粘牢。

05 这是粘好的鞋耳内里。

06 在内侧距统口线 8mm、距贴合边缘 5mm 处做标记。

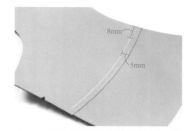

07 用银笔以刚才做的标记为起点画缝合基准线。

08 缝合时，紧贴着贴合边缘缝到步骤 06 做的标记处，再沿着缝合基准线往回缝。

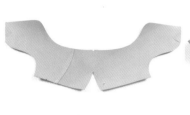

09 这是鞋耳缝合好的样子。使用的缝针是日本风琴针株式会社生产的 TF×F8 的 11 号皮革专用缝纫机针；使用的缝线是 30 号的。注意，包括上一步在内，本书所有的车缝作业到最后都要在绷帮一侧回缝 3 针收尾。

10 接着，将内外侧内里的粒面相对，沿着后弧线对折。

11 将后弧线下半段开口的两条边对齐，缝合。

12 这是开口缝好的样子。缝合到上端后不用回缝，但要留 2cm 长的线头。这里使用的是 TF×6 的 10~11 号缝针。

13 这是鞋耳内里缝好并展开后从粒面看的样子。

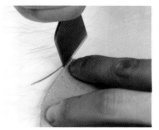

14 将鞋耳内里再次粒面相对对折，用裁皮刀贴着缝合线进行裁切。

15 在切面上涂皮革软胶。

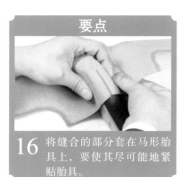

要点

16 将缝合的部分套在马形胎具上，要使其尽可能地紧贴胎具。

17 用扁尾锤的扁头沿着切面轻轻敲打。

18 打得平一点儿后，换用圆头敲打，将切面尽可能地打平。

19 打平肉面后，翻到粒面并套到胎具上，用扁尾锤轻轻敲打至揸平合缝，露出针脚。

20 如图，从粒面将合缝彻底揸平后，针脚清晰可见。

21 鞋耳内里暂时处理到这一步。

◈ 缝合鞋耳

01 将内外侧鞋耳的粒面相对，用夹子固定。

02 从狗尾式后帮的底部开始，沿后弧线缝合，起缝处回缝一针。用的是风琴针牌 TF × 6 的 10 号缝针及 30 号缝线。

03 这是缝合好的样子。

04 狗尾式后帮留到后面再缝合。

05 将缝线拉到同一面，留 2mm 长的线头。

06 用打火机烧熔固定。

07 在缝合的皮革切面上涂皮革软胶。

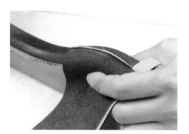

08 将鞋耳肉面朝上套在马形胎具上，要使其尽可能地紧贴胎具。

09 用扁尾锤的扁头轻轻敲打皮革切面。

10 将切面打得平一点儿后，换用圆头继续敲，直至把切面打平。

11 肉面一侧打平以后，翻到粒面，再次将鞋耳套到胎具上。

12 用扁尾锤将粒面的缝合处揠平，让针脚露出来，打出后帮的形状。

13 将鞋耳粒面朝外，沿后弧线对折，把缝合处压实。

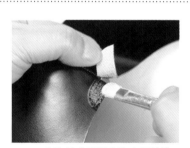

14 在狗尾式后帮上涂皮革软胶。

15 将狗尾式后帮粘到相应的位置上。

16 这是鞋耳缝合并揠平后，后弧线呈现的样子。

17 在后弧线缝合处的肉面贴上尼龙胶带进行补强。

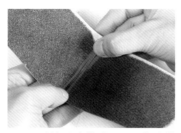

18 贴补强胶带时，要避免胶带在缝合处的间隙产生褶皱，要尽量贴平。

19 接下来缝合狗尾式后帮，起针处要回缝一针。

20 收尾处也回缝一针，并将线挑到肉面一侧。

21 留 2mm 的线头，用打火机烧熔固定。

22 这是后弧线全部缝合好的样子。

◆ 给鞋耳车上装饰线

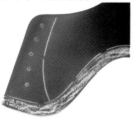

01 鞋耳上画线的部位，要用缝纫机车上装饰线。

02 用缝纫机在鞋耳粒面沿着画好的线车装饰线，注意不要缝歪。

03 缝到统口后要回缝一针。将线头留在肉面，用打火机烧熔固定。

04 这是装饰线车好的样子。

◆ 粘贴边条

01 在鞋耳肉面的统口边缘涂皮革软胶。

02 沿着边缘贴补强胶带。

03　这是统口边缘贴上补强胶带的样子。

04　在边条的肉面涂皮革软胶。

05　将边条肉面朝内对折并贴紧。

06　用扁尾锤敲打一下对折后的边条。

07　将对折后的边条的一面用玻璃片刮毛糙。

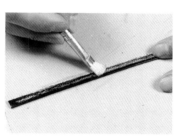

08　在刮毛糙的那一面涂上皮革软胶。

09　在鞋耳肉面的统口边缘也涂上皮革软胶。

10　将边条与统口边缘对齐粘贴，在拐弯处边打褶边贴合。

11　贴完后，将多余的边条剪掉。

12　将拐弯处的褶子调整成菊花状，呈放射状均匀分布。

13　用扁尾锤轻轻敲打褶子，将其打平整。

14　最后，将边条两端斜着削薄。

15 用裁皮刀将拐弯处菊花状褶子凸出的部分削平。

16 这是处理好的样子。图中圈起来的变白的部分就是削薄和削平的部分。

◆ 缝合鞋耳跟鞋耳内里

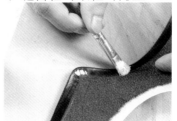

01 在鞋耳统口贴了边条的地方涂上皮革软胶。

02 在鞋耳内里肉面相应的地方也涂上皮革软胶。

03 将鞋耳与内里肉面相对贴合。内里统口线外加了放宽量，故内里应超出鞋耳约5mm。

04 贴合后，用直径3mm的圆冲在鞋耳上打鞋眼。

05 这是打好鞋眼的样子。

06 将鞋眼处的内里与鞋耳分开，将气眼从内里粒面插进鞋眼。

07 图中是在鞋眼中插上气眼的样子。

08 用菊花冲固定气眼。

09 将固定好的气眼用扁尾锤敲打平实并加固。

10 如图在鞋耳前端的边缘再次涂皮革软胶。

11 贴合鞋耳及内里，用扁尾锤敲打紧实。

12 缝合之前，将鞋耳上边缘（统口线和背中线周边）全部敲打一遍。

13 开始缝合鞋耳及鞋耳内里的上边缘。

14 这是缝好的样子。经过缝合，鞋耳和内里合二为一，成了一个部件。

15 在鞋耳内里超出上边缘的部分剪一个口子。

16 用冲里刀从剪的口子开始，将超出鞋耳的内里裁掉。

17 裁的时候要尽可能地贴着鞋耳边缘。

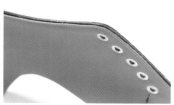

18 这是裁完的样子。至此，鞋耳便制作完成了。

19　接下来，用直径 1mm 的圆冲在套结处开孔。

20　找一根临时固定用的绳子，依次穿过鞋眼。

21　穿的时候，要保证两片鞋耳闭合，中间不留缝隙。

22　将绳子穿过所有鞋眼后，打结，将两片鞋耳紧紧地连在一起。

23
让鞋耳暂时保持图中这个样子。

◆ 缝合包头、前帮与鞋耳

01　在前帮上要与包头贴合的部位涂上皮革软胶。

02　在包头上要与前帮贴合的部位（肉面）也涂上皮革软胶。

03　从中间开始贴合。

04　将包头和前帮的贴合处用扁尾锤敲打紧实。

05
用缝纫机在包头后边缘与整排装饰孔之间以及装饰线上各车一道缝线（两道缝线是平行的）。

06 这是包头和前帮缝合后的样子。这道工序对缝纫技术的要求很高。

07 在鞋耳上要跟前帮贴合的部位涂上皮革软胶。

08 在前帮上要跟鞋耳贴合的部位（肉面）也涂上皮革软胶。

09 为了保证鞋耳贴合准确，将鞋耳套在膝盖上。

10 使前帮的背中线对准两片鞋耳的闭合处，从中间开始往两边贴合鞋耳与前帮。

11 贴的时候要仔细，以免偏移。

12 贴好后，整个帮面的立体造型就完成了。

13 用扁尾锤将贴合部位敲打紧实。

14 将鞋耳内里从统口掏出来。

15 这是掏出内里后，从帮面下面看到的样子。保持这个样子，进行下一步的缝合。

16 沿着贴合部位的边缘车线，缝合前帮和鞋耳。

17 这是缝合好的样子。至此我们可以大致看出皮鞋的样子。

◆ 安装鞋舌并缝上套结

18 从下面看，鞋耳内里只有前端一小部分与帮面缝在了一起。

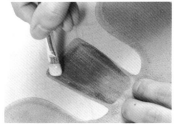

01 在前帮内里肉面要与鞋舌贴合的部位涂上皮革软胶。

02 在鞋舌的肉面涂上皮革软胶。

03 在前帮内里上要与侧帮内里贴合的部位涂上皮革软胶。

04 在侧帮内里的肉面也涂上皮革软胶。

要点

05 由于鞋舌要紧贴有弧度的脚背，贴合鞋舌和前帮内里时要使鞋舌微微拱起。

06 贴合后，用扁尾锤将贴合部分敲打紧实。

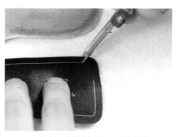

07 除鞋舌前端外，在其他三边距边缘5mm处画缝合基准线。

08 沿着上一步画好的线车缝。

09 最后回缝一针再收尾，将线头挑到鞋舌的粒面。

10 用打火机将露在粒面的线头烧熔固定。

11 这是鞋舌和前帮内里缝合在一起的样子。

12 整体来看，鞋舌直接缝在前帮内里肉面的相应部位上。

13 用直径 1mm 的圆冲在鞋舌上做的套结标记上开孔。

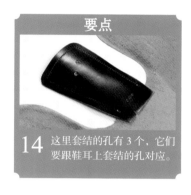

要点

14 这里套结的孔有 3 个，它们要跟鞋耳上套结的孔对应。

15 准备贴合前帮内里与帮面。

16 先将帮面和内里的前端对齐，用夹子固定。

17 如图所示，在帮面和内里边缘的 3 个位置夹上夹子固定。

18 准备手工缝合。让针尖从内里穿过靠边的一个套结的孔位（以下称第一个孔），使帮面和内里的套结孔位对齐。

19 将穿到帮面的缝针从另一端的孔位（以下称第三个孔）穿到内里。

20 步骤 18 中的缝针穿到帮面时，内里的样子如图所示，留20mm 长的线头。

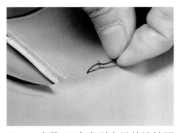

21 步骤 19 中穿到内里的缝针要穿过起缝时留下的线头。

22 缝针穿过线头后，再从第一个孔位穿到帮面。

23 和步骤 19 一样，将穿到帮面的缝针再次从第三个孔穿回内里。

24 穿到内里的缝针这一次从中间的孔穿到帮面。

25 将穿到帮面的缝针从刚才表面上的针脚上绕过，再次从同一个孔穿回内里。

26 此时，表面的针脚如图所示：横着的针脚中间，有一个竖着的针脚。

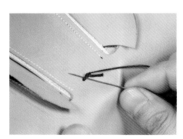

27 穿回内里的缝针从针脚中间穿过。

28 保持上一步的样子，拉紧缝线，打结。

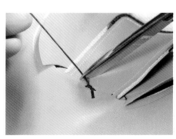

29 将多余的线剪掉。

30 用打火机将线头烧熔固定。

31 用打火机的前端将烧过的线头压平。

32 用扁尾锤敲打线头，使其紧贴在内里上，不会凸出来。

33　这是套结完成的样子。此后，前帮内里与鞋耳内里的贴合位置也确定下来了。

34　在前帮内里上要与鞋耳内里贴合的部位涂上皮革软胶。

35　同样，在鞋耳内里相应的部位涂上皮革软胶。

36　贴合前帮内里与鞋耳内里。

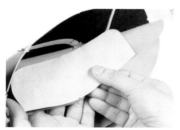

37　之前涂过胶的侧帮内里也跟相应的部位贴合。

38　贴侧帮内里的时候，一边贴，一边使侧帮微微往内弯。

39　贴好后，用扁尾锤敲打紧实。

40　从皮革切口到距离边缘 5mm 的这一部分要车两道平行的缝线，先在距边缘 5mm 处画一条平行于切口的基准线。

41　将帮面往上翻，露出下面的内里。

42　用缝纫机沿着步骤 40 画的基准线缝合，注意不要缝歪。

43　在切口边缘再车一道缝线，针脚应该跟上一步的平行。

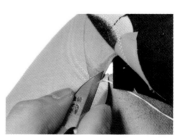

44　缝完后，将线头挑到肉面打结收尾。

45 将帮面翻下来，和内里套在一起。

46 检查一下，看看内里和帮面是否服帖。

47 这是内里缝合后的样子。

48 到这一步，鞋帮就制作完成了，皮鞋也大致有个样子了。另一只脚的鞋帮按照同样的方法组装并缝合。

绷楦

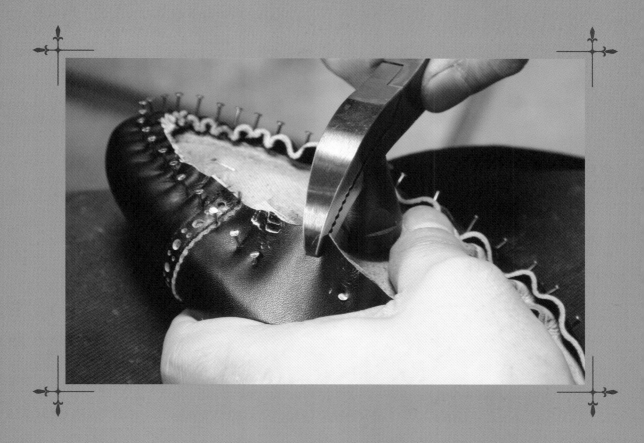

　　所谓绷楦，就是将鞋帮与鞋底（这里主要指内底）
固定在一起，并将鞋帮绷在鞋楦上。

　　先制作内底，把内底贴到鞋楦底面，然后在鞋楦上
套上鞋帮，用绷帮钳将鞋帮跟鞋底固定在一起。绷楦可
分为两步——预绷楦和正式绷楦。通过一点儿一点儿地、
每个角度都不放过地绷帮，使鞋帮紧贴在鞋楦上，这样
就可以使皮鞋初具形状了。

制作内底

　　内底直接跟脚接触，内底皮革的硬度、厚度及制作的精细程度都会影响鞋子的舒适度，所以选材及制作时都马虎不得。选材方面，为了适应足弓的弧度并能充分排湿，内底要选用厚实且弹性好的皮革。三泽工作室用的通常是厚度至少为4mm的植鞣牛皮。

　　由于内底是绷楦过程中必不可少的部件，所以这里除了讲解绷楦的方法外，对内底的制作过程也进行了详细讲解。将内底贴合在鞋楦底面上后，要在内底底面挖缝内线时所需的凹槽。如果一上来就用裁皮刀挖槽会有点儿难度，所以最好先用废皮革练习。

◆ 贴合内底

01　这里制作内底时使用的是4mm厚的植鞣牛皮（肩部）。

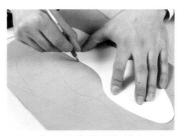

02　将内底的纸型放到牛皮上，沿着轮廓将纸型描到牛皮上。

03　鞋腰内侧精裁，其余部分粗裁。

04　这是粗裁后的内底。

05　用玻璃片将内底粒面刮毛糙。

06　用糙一点儿的砂纸打磨粒面。

07　这是粒面刮毛糙的样子。

08　将整个粒面打湿，这样做可以软化皮革。

09　粒面朝内将内底贴在鞋楦底面，让鞋腰内侧对齐。

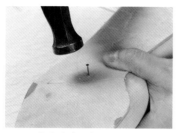

10 在内底中心钉上钉子。

11 确保鞋腰内侧对齐后，在内底的后跟部位也钉上钉子。

12 在前端也钉上钉子，将内底固定在鞋楦上。

13 钉子不要钉得太深，钉好后，将露在外面的部分砸弯。

14 沿着鞋楦底面的轮廓用裁皮刀裁切内底。

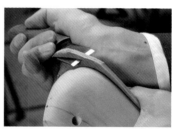

15 贴着楦底，将多余的部分裁掉。

16 内底与鞋楦间还有缝隙，为了进一步贴合，用橡胶带将内底缠在鞋楦上。

17 从前端缠至后端，缠的时候使劲拉橡胶带，将内底紧紧地固定在鞋楦上。

18 全部缠绕完后，打结固定。

19

放一晚上，晾干。

◆ 内底成型

01 拿掉橡胶带，检查内底是否与楦底完全贴合。

02 从侧面检查一下，原本有缝隙的鞋腰内侧此时也应该是完全贴合的。

03 贴着楦底边缘，用裁皮刀将超出边缘的部分裁掉。

04 裁的时候，一边确认，一边修整。

05 内底的前端和后跟部位也要仔细修整。

要点

06 修整完毕后，内底跟楦底的形状相差无几。

07 将固定用的钉子拔掉，取下内底。

08 用裁皮刀沿着内底粒面的边缘做倒角处理。

09 至此，内底基本制作完成。

◆ 在内底上挖凹槽

01 再次用钉子将内底固定在楦底上。

02 将内底的纸型叠放在内底上。

03 根据纸型跖趾关节突点上的标记，在内底相应的位置做标记。

04 取下纸型，将两个标记连成一条线（跖趾关节线）。

05 在跖趾关节线下方做标记，使其与该线的距离为脚长的10%（这里用的样本是25cm，所以应该在2.5cm处）。

06 以上一步做的标记为基准点，如图所示画一条与跖趾关节线平行的线。

07 将鞋跟的纸型贴合在内底的后跟部位，沿着纸型前端的两个端点在内底上做标记。

08 连接上一步做好的标记。这样，三条线就都确定好了。

09 在距内底边缘4mm处画基准线。第三条线（步骤08画的线）下面的部分不用画。

10 在距内底边缘14mm处再画一条基准线。要完整地画一圈，第三条线下面也要画。

11 沿着外侧的基准线往外斜着将皮革削薄，角度如右图所示，断面的厚度只剩1.5mm。

从这里削薄
4mm
1.5mm

12 沿内侧的基准线刻出1.5mm深的切口。

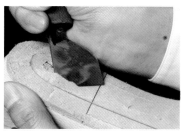

13 如右图所示，在距内侧基准线7~10mm的位置，将刀刃斜着切入。

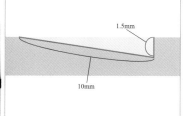

1.5mm
10mm

14 裁皮刀保持同一个倾斜度向外侧挖槽，一直挖到内侧基准线的切口处。

15 第三条线下面的部分斜着削边，使皮革边缘的厚度为3mm左右。

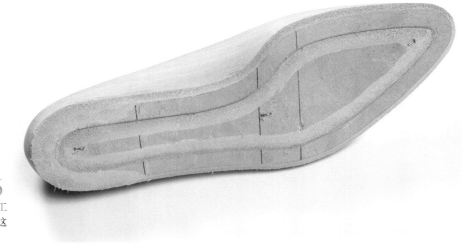

16 这是内底底面加工完的样子，保持这个样子准备绷楦。

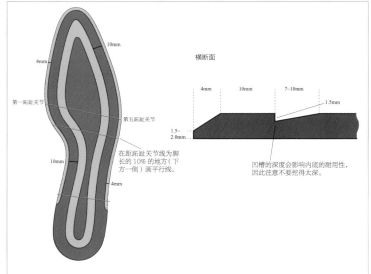

内底加工示意图

制作衬件

由于制作帮面时用的铬鞣革柔软、不易保持形状，所以需要加入衬件来帮助皮鞋保持立体感。衬件分为放到前帮（包头部位）的内包头以及放到后帮的主跟。两种衬件都不可或缺，内包头更是起着撑起帮面的重要作用，直接影响帮面美观，因而需要精确制作。这里制作衬件时我们选用的是植鞣牛皮，原本约 3mm 厚，需经过削薄加工再使用。

衬件的制作要点在于不同位置的削薄程度不一，要严格按照说明和示意图进行削薄加工。

01 将主跟的纸型放在皮革粒面，沿着纸型的轮廓在粒面画线。

02 同样地，把内包头的纸型放在皮革粒面描画轮廓。

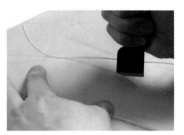

03 用裁皮刀沿着画好的线裁出主跟与内包头。

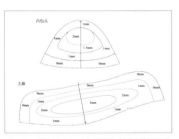

04 接下来，按照示意图将两个衬件分别削薄。

05 先用玻璃片刮主跟的粒面。

06 再用玻璃片刮内包头的粒面。

07 主跟四周做削薄处理。

08 边缘做片边出口，剩薄薄的一层即可。中心部分保留原本的厚度。

09 内包头前端的边缘削到只剩下 1mm 厚，后端边缘做片边出口处理。

10 内包头中间削至 2mm 厚。

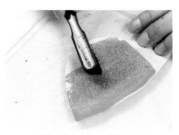

11 削好后修整一下粒面及肉面。先用刷子蘸水润湿内包头的肉面。

12 再用玻璃片修整平滑。

13 用刷子蘸水打湿主跟的肉面。

14 然后用玻璃片修整平滑。

15
这是内包头削薄前后的对比图。几乎所有部分都削薄了，最厚的部分也只剩2mm，所以用有一定厚度的皮革进行制作是相当必要的。

16
这是主跟削薄前后的对比图。削薄后，主跟最厚的地方约 3mm。

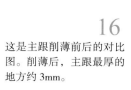

绷楦

在手工制鞋过程中，绷楦算是最具特色的工序之一。这不仅是因为这一工序最大限度地利用了皮革这一天然素材的可塑性，还在于操作时所使用的工具——绷帮钳——是手工制鞋所特有的。绷帮钳的形状奇特，不过只要做过绷楦工作，就不难理解为何会如此了。

绷楦成功与否会直接反映在皮鞋的外观上，所以一定不能怕麻烦，要反复调整，直到满意为止。绷楦完成后，鞋帮就会呈现出成品应有的造型了。

◆ 安装衬件

01 在鞋楦上涂上婴儿爽身粉，以方便后面脱楦。

02 将鞋帮的内里翻出来，用刷子蘸水把帮面的肉面打湿，这样更容易造型。

要点

03 将主跟完全泡在水里。这样做也是为了让皮革变柔软，更容易造型。

04 主跟浸水变软后，在它的肉面涂一层白乳胶。

05 在后帮与主跟贴合部位的肉面也涂上白乳胶。

06 将主跟的中心线与后帮的中心线（后弧线）对齐，将主跟粘在后帮肉面。

07 粘好后，在主跟的另一面也涂上白乳胶。

08 将内里跟主跟粘在一起。要一点点地抹平内里，避免产生褶皱。

◆ **绷前帮 1**

01 绷楦时，可以放在膝盖上操作。准备好装了内底的鞋楦。

02 将鞋帮套在鞋楦上。

03 让后帮的合缝对准鞋楦的后弧线。

04 将鞋楦翻到底面，从底面开始绷楦。

05 先绷前帮的顶端。用绷帮钳夹住前帮内里的顶端。

要点

06 先单独拉内里，再连同帮面一起绷，会更容易绷紧，鞋帮会绷得更服帖。

07 用力拉帮面与内里，直到拉不动，然后钉上钉子固定。

08 不要钉到凹槽里。在前帮顶点钉一根钉子，然后以此为基准，在前帮两侧各钉一根。

09 接下来按照同样的方法绷前帮两侧。仍先用力夹住一侧的内里往里拉。

10 再将帮面与内里一起拉。

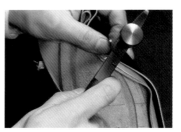

11 拉到极限时，钉上钉子固定。

12 另一侧也按照同样的方法拉紧，并用钉子固定。

13 固定后检查帮面是否紧贴在鞋楦上，包头的弧线是否流畅，有无褶皱。

◆ 绷后帮 1

01 接着绷后帮，先夹住内里。

02 紧紧拉住内里，使其紧贴在鞋楦上。

03 拉紧内里后，整个后帮会有一部分超出内底底面。

04 用力拉紧后帮后弧线上的帮面和内里。

05 一直拉着，直到看到皮鞋的统口线紧挨着鞋楦上钉子做的标记。

要点

06 统口线跟鞋楦上钉子做的标记对齐后，用钉子固定后弧线上的帮脚。

07 在狗尾式后帮的最下端钉一根小钉子，将后帮固定在鞋楦上。

08 接下来绷的时候，同样也是先拉内里，再拉帮面。

09　接着拉住后帮两侧的皮革，在两侧分别钉钉子固定。

10　这是鞋后帮固定后的样子。检查一下，看看后帮是否紧贴鞋楦，弧度是否自然。

◆ 绷侧帮 1

01　前帮和后帮固定后，接着绷侧帮。

02　同样，先拉住内里，再将帮面和内里一起拉紧固定。

03　鞋腰内侧往里凹，因此拉动的皮革比较多，固定时要注意钉钉子的位置。

04　侧帮两边各用 2 根钉子固定，两侧钉子之间的间隔要相等。

05　如图，总共钉了 10 根钉子。

◆ 绷后帮 2

01　接下来要在后帮的三个固定点之间，进一步细密地绷帮。

02　在之前钉好的钉子的中间位置，再各钉一根钉子。

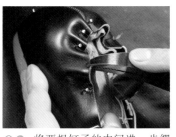

03　将两根钉子的中间进一步绷紧，并钉上钉子固定。

04　这是在一侧最初的两根钉子间又钉了三根钉子后的样子。

05 另一侧两个固定点之间也按照同样的方法绷帮并用三根钉子固定。

06 钉钉子的时候，让钉子的间距尽可能保持一致。

07 这是后帮绷了9处之后的样子。现在后帮更紧密地贴在鞋楦上了。

08 但至此并未结束，接着还要继续绷帮。

09 可酌情将之前钉的钉子拔掉，以调整间距、增加固定点。

10 如此反复，一直绷到钉子的间距为1~2mm。

11 按照同样的方法，对整个后帮都进行更为细密的绷帮。

12 用绷帮钳的圆头敲打后跟边缘，使边缘的轮廓更加清晰可见。

13 换用扁尾锤敲打后帮的帮面，让帮面紧贴在鞋楦上，打造出后帮的形状。

◆ 绷侧帮 2

14 这是后帮绷好的样子。

01 接着进一步绷侧帮，从靠近后帮的部分开始，增加钉子之间的固定点。

02　侧帮没必要像后帮那样间隔紧密地绷帮。

03　按照钉子的间距为 10~15mm 绷侧帮就可以。

04　侧帮绷完后，同样用锤子敲打边缘。

05　这是侧帮绷好的样子。

◆ 绷前帮 2

01　将之前固定前帮用的三根钉子拔掉。

02　将帮面翻开，露出内里。

03　在内里要跟内底固定的部分涂上强力胶。

04　在内底相应的部位也涂上强力胶。

05　开始绷帮，从前帮内里的顶点开始。

06　用钉子固定住前帮内里的顶点，然后绷前帮内里的两侧。

07　两侧绷紧后，用钉子固定。

08　固定好后，跟前面一样，调整内里，使其如菊花状紧凑地贴在内底上。

09　调整褶子，让它们均匀紧凑地排列，这样做出来的鞋头形状更美观。

要点

10　这是将前帮内里绷紧并粘到内底上的样子。

11　检查一下，内里是否紧密地贴在鞋楦上，前帮是否漂亮。

12　将前帮内里超出凹槽的部分用裁皮刀裁掉。

13　裁的时候，贴着凹槽边缘将多余的部分尽量都裁掉。

14　内里是涂了强力胶粘到内底上的，裁的时候注意不要让内里脱离内底。

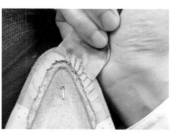

15　最后，用裁皮刀将内里上的小褶子削平。

16　这是前帮内里固定好的样子。

✦ **安装内包头**

01　将内包头浸在水里泡软。

02 在泡湿的内包头的粒面涂白乳胶。

03 调整内包头的位置，使其顶边超出楦底边缘4~5mm，将内包头贴在前帮内里上。

04 用内包头包住前帮，让其紧紧贴在内里上。

05 拉紧内包头两侧，让内包头严丝合缝地贴着内里。

06 翻到正面检查一下内包头是否贴紧，与内里之间有没有缝隙。

07 内包头前端尽量整理成小褶子收拢在一起。

08 将整理好的褶子打实并且压平整。

09 这是在前帮内里上贴好内包头的样子。

10 保持这个样子，静置几分钟。

◆ 绷前帮 3

01 用刷子蘸水打湿内包头。

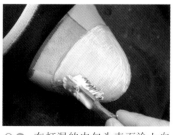

02 在打湿的内包头表面涂上白乳胶。

03 把上翻的帮面翻下来。

04 将帮面翻回原位后，先按三点固定法绷前帮。

05 由于内里已经固定了，这里只需拉紧帮面前端，将其固定到内底上。

06 前帮会呈绷直的样子，不会紧密地贴在楦面上。

07 接着绷前帮两侧。由于内里已经固定了，这里只需绷帮面即可。

08 左右两侧绷紧后，分别钉上钉子固定。

09 用三点法固定后，接着绷两根钉子中间的部分。

10 缩短间隔，绷紧然后用钉子固定。

11 注意，绑前帮时要不时地翻到表面，确定帮面没有褶皱后，再用钉子固定。

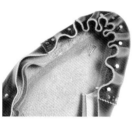

12 如图，前帮共绷了9处。

13 这是鞋底绷楦完成后整体的样子。

14 确认效果后，将超过钉子5mm的部分用裁皮刀裁掉。

15 接下来，对前帮9根钉子之间的皮革进一步绷帮。

16　一点点地绷前帮的帮脚。可以酌情将之前固定用的钉子拔出来，重新调整间距。

17　进一步细密地绷帮，直到钉帽的间距为2~3mm。

18　绷好后，敲一敲鞋底边缘的皮革。

19　接着敲一敲前帮的帮面，将包头修整成型。

20　前帮两侧的帮面也要敲一敲，让皮革紧贴在楦面上。

21　到此为止，包头部分总共绷了19处。

22　通过绷帮，包头完全成型。

◆ 绷侧帮 3

01　接着进一步绷侧帮。

02　先拉内里，再将帮面和内里一起拉住，绷紧并固定。

03　拉的时候要调整方向和力道，使帮面的褶皱能顺利消除。

04　前帮附近是帮面成型的关键部位，要更用力地拉、更精细地绷帮。

05 侧帮每间隔 1cm 固定一处。

06 接近包头的部位也要仔细地绷帮。

07 拉好后，为防止发生偏移，按住并用钉子固定。

08 另一侧的侧帮也按照同样的方法绷帮。到这一步，绷楦工作结束。

09 用扁尾锤敲一敲底部的边缘，打出轮廓。

10 接着敲打帮面。要用光滑的圆头敲打，以免伤到帮面。

11 这是绷楦完成的样子。整个帮面已经完全打造至成品的程度。

手工制鞋所需的主要工具②

裁切工具

手工制鞋时，需要根据所用材料的特性来选择合适的工具进行裁切。另外，为了让刀口保持锋利，日常保养非常重要。

美工刀

制作纸型的过程中，常常用美工刀裁切绘图纸。

裁皮刀

主要用于对皮革进行裁切、削薄、修边等操作。操作内容不同，刀刃宽度也会有所分别。

花边剪刀

用花边剪刀可以在皮革上剪出装饰性花边。本书中，牛津鞋鞋头的花边装饰就是用花边剪刀剪出来的。

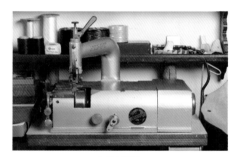

皮革削薄机

是专门用于对皮革进行削薄加工，以调整皮革厚度的机器。不仅可以用于单张皮革，也能对重叠的多张皮革进行削薄处理。

冲里刀

用于将超出帮面统口线的内里切掉。

缝纫线头剪刀

剪缝纫线头的剪刀。

倒角刀

在皮革断面边缘进行倒角处理时所使用的工具，仅尖端有刃。

尖嘴钳

这里使用的钳子是一种可以夹断硬物、剪口带有刀刃的尖嘴钳。在本书中，主要用来剪断穿出内底的木钉钉帽。

缝内线

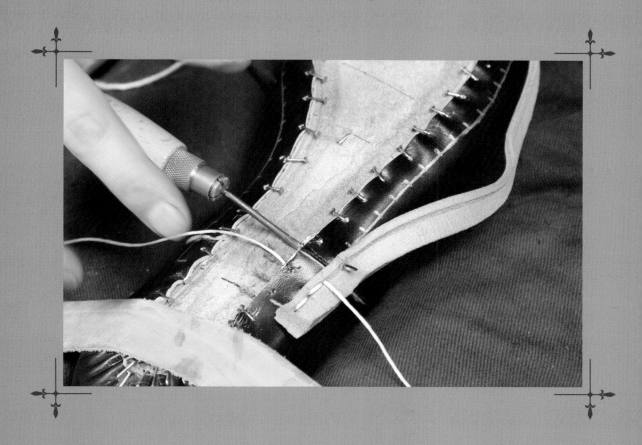

接下来这一步，主要是将鞋帮、内底以及沿条三部分缝合在一起。这个工艺叫手缝沿条工艺，必须手工缝制。这一过程中，需要用到两种特殊的工具：尖端弯曲的缝鞋锥，以及加工过的大号缝纫针。缝合时所用的缝线一定要用松香膏（可自制）打磨，以增强韧性。

缝内线

缝内线，就是将沿条和绷好的帮面与内底缝合在一起，为安装外底做好准备。在缝合过程中，虽然会提前标记好基准线和基准点，但要想完美缝合，还需要能熟练地用缝鞋锥按照标记准确开出缝孔。缝的时候，使用的是用松香膏打磨过的、由 9 股线搓成的麻线，以及针尖弯曲的大号缝纫针。缝完后，皮鞋就基本成型了。

◆ 裁切掉多余的帮脚

01 将鞋帮帮脚超出内底凹槽的部分裁掉。

02 底边边缘到处是钉子，裁切的时候要注意调整角度，准确裁切。

03 同样，将内里超出凹槽的部分也裁掉。

04 裁掉多余的帮脚后，底面的凹槽就完全露出来了。

◆ 画出基准线

01 在帮脚上距凹槽外边缘 14mm 处画线，后跟部分不用画。

要点

02 上一步所画的边线距鞋底边缘应该为 4mm 左右，用直尺确定一下是否如此。

03 鞋腰内侧，也在帮脚上距离凹槽外边缘 14mm 处画线。

04 将鞋跟纸型前端的轮廓线描到后跟帮脚上。

05　这是在帮脚上画好缝合基准线的样子。

06　在基准线上，每隔 8mm 做一个标记，初学者最好间隔 9~10mm 做标记。

07　根据距离调整标记的位置，尽量不要画到基准线外侧，否则缝完后线迹不好清除。

08　这是在基准线内侧做好标记的样子。这些标记就是用缝鞋锥戳孔后，针尖穿出的位置。钉子露在粒面会妨碍缝合，所以要将钉子往内侧砸弯。

09　这是钉子砸弯后的样子。

10　这是钉子砸弯后鞋底的样子。保持这个样子缝内线。

01　缝内线时，使用的是前端经过弯曲加工的大号缝纫针。

02　先将针尖剪掉 1~2mm，针尖太尖细容易陷在皮革里，不便于缝合。

03　用砂纸打磨掉顶端的卷边。

04　用绷帮钳等手柄平整的工具夹住缝纫针。

要点

05　用打火机灼烧缝纫针使其变软，同时一点点地闭合手柄，将缝纫针压弯。

06
弯曲到需要的程度后，放进水中冷却。

◆ 搓麻线

01　准备一条长度为双臂张开长度 2.5 倍的缝线，手捏在距线头 15cm 处。

02　将这段长 15cm 的线头分成 9 股细线。

03　用手掌将其中一股细线放在膝盖上来回搓，把前端搓细。

04 将9股细线的前端都按这种方法搓细。

05 将这9股细线分成两部分：一部分4股，一部分5股。

06 蘸水打湿线头，把两部分各自搓在一起。

07 这是4股线和5股线分别搓成的麻线。

08 再将两股线的线头并排放在一起。

09 重新搓成一条麻线。

10 如图，现在线头变得特别尖细。麻线的另一头也按照同样的方法搓尖细。

◈ 制作松香膏并打磨麻线

01 准备制作松香膏。这是制作松香膏的主要原料松香块。

02 将松香块放到锅中，加热让其熔化。

03 熔化后，加入少量香油。

04 一边搅拌一边熬，使松香和香油融合在一起。

05 水桶里装水，用手搅拌至起旋涡。

06 将熬好的松香和香油的混合物倒进水桶中。

07 倒进水中后，混合物急速冷却变硬，成为松香膏。

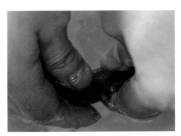

08 硬到一定程度后，双手伸进水里揉松香膏。

09 让松香膏硬到可以慢慢拉长。

10 最理想的状态是，用力一拉，松香膏就会断掉。

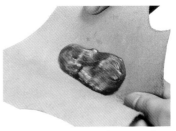

11 将做好的松香膏放在皮革的肉面上。

12 准备打磨麻线。先将线的一头固定在柱子等物体上。

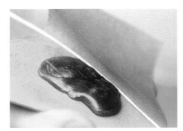

13 将放在皮革上的松香膏贴到线上，来回摩擦。

14 然后用棉纱布包住麻线来回摩擦，通过摩擦生热，让松香膏融到麻线中。

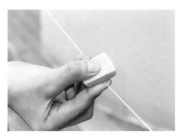

15 上完松香膏后，再用蜡给麻线上一遍蜡。

16
处理后变成淡棕色的麻线。

◈ 加工沿条

01 沿条可以在手工皮鞋原料店买到。

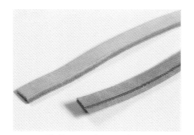

02 从店里买来的沿条的肉面有加工好的凹槽。

03 将沿条的粒面染成黑色。

04 将沿条一端肉面约 5mm 长的部分斜着削薄。

05 这是斜着削薄后的样子，只需削薄一端即可。

06 将沿条浸在水里泡软。

◈ 穿针引线

01 将麻线的线头用松香膏打磨一遍。

02 用锥子在麻线的尖细部分开个孔。

03 将之前加工好的缝纫针的针尖穿过上一步开的小孔。

要点

04 穿过小孔后将麻线沿着针往下压到针眼处。

05 将麻线的线头穿过针眼。

06 拉一拉线头，线头自然会在针上打结。

07 拉紧麻线长的一侧。

08 将短线（线头）跟长线搓在一起。

◆ 缝内线

09 在搓在一起的部分涂点儿蜡。

01 鞋尖朝里将鞋子放在膝盖上，鞋后跟用蹬带固定住。

02 将缝合处的钉子拔掉。先将弯折的钉子撬起来。

03 然后将钉子拔掉。不要一次都拔掉，一边往前缝一边拔钉子。

04 蘸水将缝合部位的皮革打湿。

05 不用缝鞋锥时，将锥尖插到打碎的蜡堆里，用的时候直接拿出来用。

要点

06 以标记为准，将缝鞋锥横着从内底凹槽刺进去，穿过帮脚，从沿条穿出。

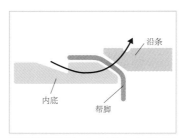

沿条

内底

帮脚

缝鞋锥戳孔时，如图从内底穿过鞋帮帮脚，从沿条穿出。

07 戳好孔后，先不要将锥子取出，将穿好线的针从另一侧，即沿条上的孔穿入。

08 这时再抽出缝鞋锥，使针从内底一侧的缝孔穿出。

09 接着拉缝线，直到缝线的一半穿出缝孔。

10 以所开的孔为中心将缝线分成左右两条相等的缝线。

11 开下一个孔时，为免钉子碍事，先将钉子拔掉。

12 同样，用缝鞋锥从内底的凹槽横着戳第二个缝孔。

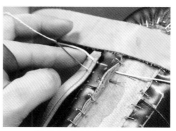

13 将外侧的针从沿条上的第二个缝孔穿入，从内底穿出。

14 相反方向的针从内侧，即内底的第二个缝孔穿入，从沿条穿出。

15 两侧的针都穿过第二个缝孔后，拉紧两侧的缝线，将缝合部位固定好。

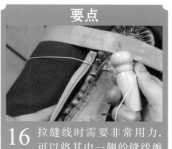

要点

16 拉缝线时需要非常用力，可以将其中一侧的缝线缠在缝鞋锥的锥柄上拉。

17 两侧缝线都要拉紧，缝合部分才会紧凑。

18 一开始缝线很长，进行其他操作时可以把缝线叼在嘴里。

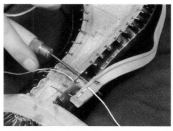

19 开第三个缝孔，按照同样的方法穿线并拉紧固定。

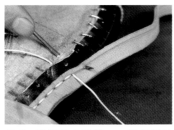

20 重复以上操作，一直缝到另一侧鞋跟纸型顶端画了线的地方。

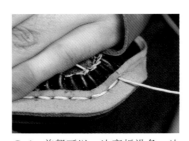

21 前帮可以一边弯折沿条一边缝合。

22 鞋跟纸型顶端那条线的另一个端点是沿条的最后一个缝孔。只让外侧缝线穿过即可。

23 穿到内侧后，将缝线拉紧。

要点

24 如图所示，将两根缝线在内侧打个结。

25 确认结打结实后，将多余的线剪掉。

26 像之前斜着削薄一端时那样，将裁皮刀倾斜30°，将多余的沿条裁掉。

27 检查一下，左右两边沿条的位置是否对称。

➡ 绕缝后跟帮脚

01 绕缝后跟帮脚用的缝线是第25步剩余的，如图在其中一头打个结。

02 与其他部位缝内线时一样，用刷子蘸水将后跟帮脚打湿。

03 如图将缝鞋锥从距边缘5mm处戳进去，从内底穿出，开缝孔。

04 缝线则从内底一侧穿进去，从帮脚穿出。

05 将缝线拉到底，让线头的结停留在内底上的缝孔处。

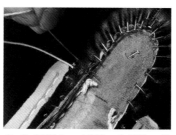

06 间隔8mm再开一个缝孔，将针从外侧穿入，从内底穿出。

07 让缝线从外侧穿过上一步开的缝孔并拉紧。

08 拔掉碍事的钉子，接着开第三个缝孔。

09 将缝线从上一步开的缝孔外侧，即帮脚一侧穿入，从内底穿出。

10 拉紧缝线，针脚如图所示。按照这样的方法，缝合整个后跟。

11 这是后跟缝完的样子。

12 缝完最后一个缝孔后，如图将针从跟倒数第二个缝孔挨着的针脚下绕过来。

13 拉线，直到缝线形成一个小圆圈，接着将针穿过这个小圆圈。

14 拉紧缝线。

15 拉紧后，自然会打一个结。

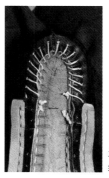

16 这是后跟缝上缝线的样子。

◆ 修整底面

01 将狗尾式后帮下端用来固定后帮的钉子拔掉。

02 将沿条内侧露出来的帮脚裁掉。

03 只裁切鞋跟纸型顶端那条线上面的部分。

要点

04 鞋前端内里的褶皱也要仔细裁掉。

05 内里超出沿条的部分也要一一裁掉。

06 裁内里时，要用刀刃比较窄的裁皮刀，以免割伤内底。

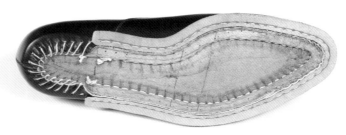

07 这是底面多余的帮脚处理完的样子。

08 接下来准备装外底。先将内底上固定用的三根钉子拔掉。

09 用刷子蘸水打湿沿条与内底凹槽之间的部分。

10 打湿以后，用扁尾锤将这一部分敲平整。

11 后跟周边也要敲一敲，将边缘敲出立体感。

12 内底的底面也要敲平整。

13 用压边棒从鞋子外侧压住沿条，将沿条抚平。

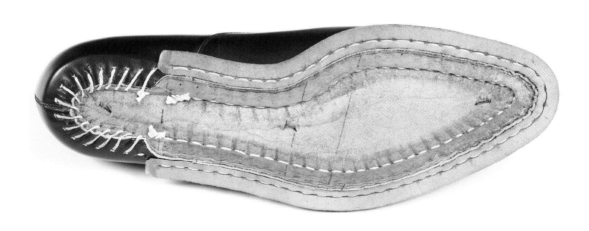

14 通过缝内线以及绕缝后跟帮脚，鞋帮和内底就缝合在一起了。

手工制鞋所需的主要工具③

用于敲打拉抻的工具

手工制鞋过程中，需要一些能将贴合部分敲平、打理成型的工具。此外，完成绷帮等操作时还需要一些拉抻皮革的专业工具。

绷帮钳

绷帮时使用的工具。钳口用来夹住皮革绷帮，锤头可以作为钳口拉抻皮革时的转动支点。

扁尾锤

手工制鞋时经常用到的工具之一。制作鞋帮时用右边的，装外底时用左边的。敲打鞋帮粒面的时候，为避免伤到粒面，必须将扁尾锤的圆头打磨光滑。

压边棒

通常用于压住皮革边缘的开口或修整皮革。

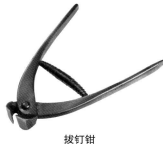

拔钉钳

拔钉钳，顾名思义，主要用来拔掉起固定作用的钉子。

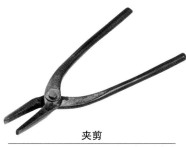

夹剪

夹剪的剪口宽而平，主要用来夹皮革边缘或者皮革贴合部位。

蹬带

将鞋子放在膝盖上进行各种操作时，用来固定鞋子的皮质绷带。

马形胎具

擂平后帮合缝时使用的工具。将后帮套在胎具上，用锤子敲打，不仅能把合缝擂平，还能帮助后帮成型。

鞋底预成型胎具

为了打造出符合鞋楦底部弧度的内底，有时候可以借助于这个胎具上的凹槽，打造出满意的造型。

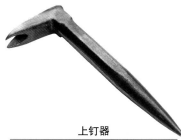

上钉器

钉鞋后跟时套在钉帽上，有助于将钉子完全钉进鞋跟的工具。

装外底

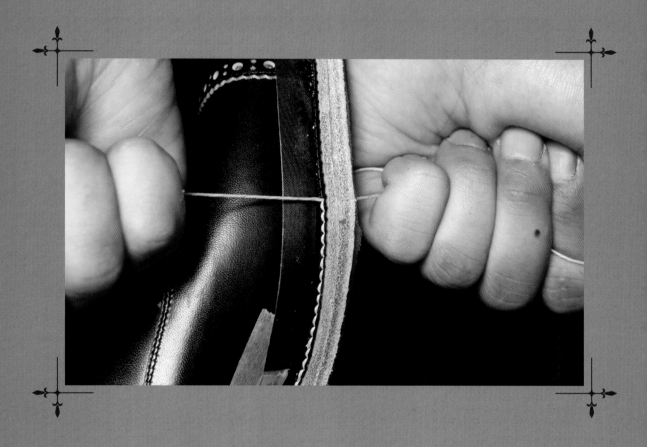

　　这一步，将用平缝法将已经与鞋帮缝合在一起的沿条和外底缝合在一起。这里我们所做的牛津鞋，后跟没有加沿条，因此要用木钉将外底后跟与鞋帮固定在一起。外底装好后，皮鞋基本就成型了。

装外底

终于到了装外底这一步。外底通常要选用有一定厚度（4~6mm厚）的植鞣牛皮，这里使用的是5mm厚的背部皮革。直接装外底的话，外底和内底之间会出现缝隙，所以得先填上软木碎，再装外底。

前面我们已经将沿条与帮面、内底缝合在一起了，安装外底时，只需将外底与沿条缝合即可。这里使用的缝合方法叫平缝法。用极易弯曲的缝针——钢丝针——沿着皮革贴合部分表里交替进行缝合即可。缝合前，为避免缝线露在外面被磨损，要先在外底边缘开暗槽。

◈ 填内底上的凹槽

01　准备好宽10mm的带状皮革，将肉面的边缘斜着削薄。

02　在肉面均匀地涂上强力胶。

03　在内底的凹槽部分也涂上强力胶。

04　将带状皮革沿着凹槽贴合上去，将凹槽填平。

05　鞋腰内侧有弧度，皮革上容易出现褶皱，用锥尖边消除褶皱边贴合。

06　一直贴到前帮，将多余的皮革剪掉。

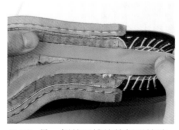

07　另一侧的凹槽从前帮开始贴。

08　贴到鞋跟处后，将多余的皮革剪掉。

09　用扁尾锤敲一敲带状皮革，将其打实。

调整沿条的宽度

01 将沿条超出内缝线 6mm 的部分裁掉。这一步也被称为修沿条。

02 修沿条时一定要小心一些，以免伤到帮面，千万不能削得太多。

03 削前帮部位的沿条时要注意调整裁皮刀的角度，一点儿一点儿地削。

要点

04 这是沿条修完的样子。要使沿条露出底边的宽度一致，方便之后与外底缝合。

制作外底的纸型

01 将内底上的跖趾关节线以及与之平行的线的两边延伸到沿条上。

02 将鞋跟纸型顶端的直线也延伸到沿条上。

03 用锉刀打磨后跟的边缘。

04 这是在鞋底上画好了标记线以及后跟边缘磨好的样子。这时就可以制作外底纸型的模板了。

05 如图在鞋底上贴上较宽的透明贴纸。

06 先用绘图铅笔将沿条上的标记线描到透明贴纸上。

07 接着沿着沿条边缘，将整个鞋底的轮廓描到透明贴纸上。

08 将后跟部位的透明贴纸舒展平整再描边。

09 跖趾关节线、其下方的平行线以及后跟顶端的那条直线，都要描到贴纸上。

10 确认没有遗漏后，将透明贴纸揭下来。

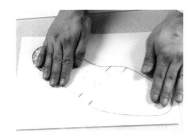

11 将揭下来的贴纸贴到绘图纸上，注意不要贴皱。

12 在后跟部位的线条外面加宽5~8mm画线。

13 沿着外围的线条裁切。

◆ 安装勾心

14 至此外底的纸型制作完成。

01 这里使用的是钢勾心，起支撑作用，可以说是鞋底的脊柱。

02 安装时，勾心前端不要超过跖趾关节线的平行线。

03 确定好安装位置后，在勾心的贴合面上涂强力胶。

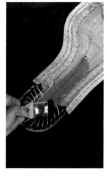

04 同样，内底上要粘勾心的部位也要涂上强力胶。

05 将勾心安装到内底上。

06 装完后，用扁尾锤敲打，让勾心内侧的金属脚牢牢咬住内底。

◆ 填充内底

01 这里我们用软木碎来填充内底的空隙。取一些软木碎放到碗里。

02 加入白乳胶搅拌。

03 充分搅拌，让白乳胶融合到软木碎中。

04 将混合了白乳胶的软木碎放到内底上，按压。

05 一边压一边继续往整个内底底面填充。

06 后跟部分也要填上软木碎。

07 这是整个内底底面填满软木碎的样子。晾一会儿，让白乳胶变干。

08 理想状态是所填的软木碎层如图所示略高于沿条。

09 白乳胶干了后，用锉刀将软木碎层的表面磨光滑。

10 加热松香和香油，制作松香膏。要多加点儿香油，这样松香膏不会那么黏稠了。

◆ 制作外底

11　在内底跖趾关节线上面的部分涂熔化的松香膏。

01　这里制作外底用的是 4~6mm 厚的背部皮革。将纸型放在粒面，沿着边缘描线。

02　用裁皮刀在线外侧 1~2mm 处裁切。

03　这是裁好的外底。

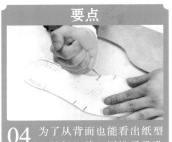

要点

04　为了从背面也能看出纸型上的标记线，用锥子戳孔做标记。

05　将纸型再次叠放在外底上，将各种标记也画到外底相应的位置上。

06　在肉面画三条标记线，接着在后跟顶端那条线下方 5mm 处画一条与之平行的线。

07　在第二条和第三条线之间、距两侧边缘 25mm 处分别画线，将鞋腰竖着分成 3 部分。

要点

08　如图在皮革断面上、距粒面 3mm 处做一个边缘削薄程度的标记。

09　画好标记线后，给外底肉面做削薄处理。

10　贴着后跟下方的线斜着切入，沿之前画好的竖线斜着削鞋腰内侧和外侧，中间不削薄。

11　削薄部分的前后两端以及皮革横断面方向都要削成斜面。

● 背部皮革：这里指的是牛背部附近的皮革，特点是厚实、纤维密度大。

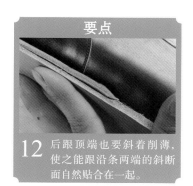

12 后跟顶端也要斜着削薄，使之能跟沿条两端的斜断面自然贴合在一起。

13 用刷子蘸水打湿削薄的部分。

14 用玻璃片将削薄后的表面修平滑。

◈ 粘贴外底

01 如图在跖趾关节线上方距边缘15mm处画线。

02 用木锉沿着上一步画的线，把边缘部分锉毛糙。

03 用木锉将跖趾关节线下方全部锉毛糙。

04 将沿条肉面也用木锉锉毛糙。

05 将外底锉毛糙的部分和内底对照一下，确认好涂黏合剂的部位。

06 用刷子蘸水打湿外底的粒面。

07 将后跟部位放到鞋底预成型胎具的凹槽上，在肉面敲一敲，使后跟微微往下凹。

08 外底上部没有锉毛糙的部分也放在凹槽上敲一敲，使其也微微往下凹。

09 在外底肉面锉毛糙的部分薄薄地涂上强力胶，要涂两遍。

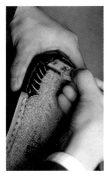

10 在鞋子底面也涂上强力胶。

11 贴合之前，再次蘸水将外底的粒面打湿。

12 从前端开始将外底贴合上去。

13 为避免空气跑入中心部分，先贴中心部分。

14 将沿条两端的斜面跟外底削薄的部分对准贴合。

15 沿条对齐贴好后，底面就可以全部对准贴合了。

16 用扁尾锤敲打鞋底，将混入的空气排掉。

17 最后，用压边棒沿着沿条外侧按压。

18 用压边棒在外底上磨一磨，把扁尾锤敲打留下的痕迹磨掉。

◆ 修整外底底边

01 将外底上超出沿条的部分裁掉，将侧面修整齐。

02 外底很厚，裁切时一定要事先将裁皮刀磨锋利。

03 用锉刀磨一磨底边边缘。

◆ 开暗槽

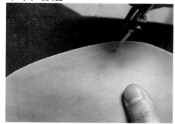

01 从一侧沿条端部下方10mm处开始，在距边缘10mm处画开槽皮的基准线。

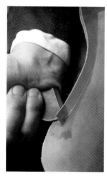

02 用水将线外侧的皮革打湿，然后用裁皮刀从皮革断面距底边1mm处切入，要切到基准线。

03 每隔一定的距离切入一个切口，注意不要切得太深。

04 如此沿着沿条切切口，一直切至沿条另一端下方10mm处。

05 用手指沿着切口将宽10mm的这部分粒面（又称槽皮）拨起来。

06 如图用刷子蘸水将拨起来的部位打湿。

07 将压边棒插进切口，将槽皮彻底拨起来。

08 在开了槽皮的部位距边缘5mm处，用挖槽器挖1.5mm深的暗槽。

09 这是底面开完暗槽的样子。

◆ 修饰沿条

01 准备好美纹纸胶带，先在棉布上粘一遍。

02 然后将胶带沿着沿条上端的鞋帮粘上去。

03 在上面再贴上尼龙胶带，以防后面操作时伤到帮面。

04 用酒精灯加热印花轮。

05 用水打湿沿条。

06 贴着沿条滚动印花轮，压出装饰纹。鞋腰内侧不好操作，所以这部分没有装饰纹。

07 这是在沿条上压了装饰纹的样子。

08 在沿条上距鞋帮帮脚边缘2mm处，用银笔画出即将与外底缝合的基准线。

09 这是在沿条上画了缝合基准线的样子。

10 继续用银笔画线，一直画到外侧沿条的端部。

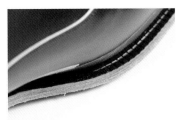

11 鞋腰内侧画到印花轮能压出装饰纹的地方即可。

◆ 缝合外底与沿条

01 这是缝合时用的钢丝针，十分柔软，也有人用豪猪身上的刺当缝针。

02 使用6股细线搓成的麻线，上完松香膏、加工完线头后，用与缝内线时相同的方法穿针。

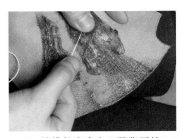

03 缝线长度为人双臂张开的2.5倍长，上松香膏。

要点

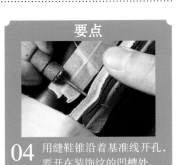

04 用缝鞋锥沿着基准线开孔，要开在装饰纹的凹槽处。

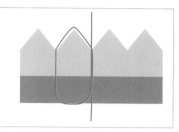

05 开始缝。从沿条与外底一侧各穿过一根缝针，如右图所示交叉缝合。

06 每缝一针都要牢牢拉紧缝线，让针脚紧贴在装饰纹凸起的部分上。

07 缝到最后一针时，让沿条一侧的缝针穿过最后一个孔来到底面。

08 底面的两条缝线分别位于最后一个缝孔以及倒数第二个缝孔上，打死结。

09 打完死结后，将多余的缝线剪掉。

10 这是缝完的样子。

◆ 合槽皮

01 开缝孔时要用力戳皮革，会导致皮革变形，所以要先将缝合部位敲打平整。

02 用木锉磨一磨开了暗槽的部分，将表面锉毛糙。

03 上翻的槽皮也要锉毛糙，为合槽皮做准备。

04 在开了槽皮的部分仔细涂上强力胶。

05 蘸水将鞋底打湿。

06 用扁尾锤将槽皮推回原位。

07 一点儿一点儿地推,以免槽皮被拉伸或者起皱。

08 推回原位后,由里向外敲,将有褶皱的部分敲平。

09 最后用压边棒磨一磨底面,将底面磨平。

10 这是合好槽皮的样子。整个底面又恢复了原来的平整状态。

◆ 修整底边

01 确定沿条的宽度。这里我们要将超出缝线 2mm 的沿条全裁掉。

02 由于裁的时候主要靠目测,一定要慢慢地一点点地裁切。

03 后跟边缘要往下斜着裁,要在距边缘 2~3mm 处裁切。

04 裁好后检查一遍，看看沿条跟鞋子是否自然地形成一体。

05 像这样把沿条修窄，使沿条比帮面凸出一点儿，恰如其分地表现了牛津鞋的正式感。

06 鞋腰内侧的沿条，配合帮面的弧线修整。

07 后跟边缘之所以要斜着削薄是因为后面还要装鞋跟。

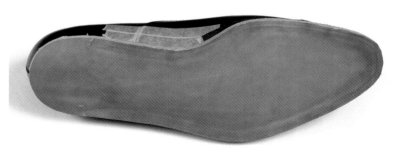

08
至此外底安装完成。

手工制鞋所需的主要工具④

黏合剂等

本书共使用了三种黏合剂，使用场合和用途各不相同。另外，还使用了尼龙胶带，主要是为了起补强作用，可以搭配黏合剂一起使用。

强力胶

装外底的时候要使用强力胶，在要贴合的两面都涂上强力胶，晾干再贴合。

皮革软胶

缝合前预先固定时会使用皮革软胶粘贴，同样要均匀地涂在要贴合的两面上，晾干再贴合。

白乳胶

粘贴衬件或者跟软木碎混合制作中间填充层时使用的水溶性黏合剂。只涂一面，也能贴合。

尼龙胶带

主要在防止皮革延展或者补强时使用。统口线附近或者后帮缝合处会用到。

缝纫工具

我们只在制作帮面的环节使用了缝纫机，其余环节基本都是手缝操作。手缝使用的缝线，通常需要重新搓在一起后，用松香膏打磨一遍再使用。

缝纫机

缝纫机主要用来制作帮面。由于缝的是立体物品的部件，所以这里要使用专业的制鞋用缝纫机。

大号缝纫针

缝内线的时候使用的是大号缝纫针。使用时需要将缝纫针针尖加工弯曲。

麻线

缝内线时使用的是 9 股细线搓成的麻线，缝外底时使用的是 6 股细线搓成的麻线。

松香

可以和香油混合制成松香膏。用松香膏磨过的麻线，不仅韧性好，也更加光滑，不易起毛，还防水。

钢丝针

缝外底时经常使用的、具有一定柔软度的金属制的针，也有用豪猪的身上的刺制成的。

手缝针

缝套结时，使用的是手工皮革缝制时常用的手缝针。

尼龙缝纫线

同手缝针一样，用于缝套结。

132

装鞋跟

　　牛津鞋的鞋跟是由若干层皮革贴在一起制作而成的。制作鞋跟时，通常先用强力胶粘贴，再用木钉固定。制作重点是贴跟皮时要不断地对鞋跟的形状和角度进行微调，使最底部那层皮革的整个面与地面完全接触。

装鞋跟

这里我们要把若干层跟皮贴在一起，制作鞋跟。鞋跟主要由增加高度的鞋跟里皮、具有调整后跟弧度作用的盘条以及最终与地面接触的天皮构成。

在贴跟皮的过程中，要调整外底后跟的弧度，以保证具有装饰功能的天皮的整个面都能跟地面接触。操作过程中，需要不断地对鞋跟的形状和角度进行微调。此外，鞋楦不同，鞋跟的高度会有所不同，相应地，跟皮的数量以及加工程度也会有所不同。

◆ 固定鞋跟部位的皮革

01 将鞋跟的纸型叠放在外底的后跟部位，沿着纸型前端的轮廓画线。

02 用间距规在后跟部位距边缘12~13mm 的地方画线。

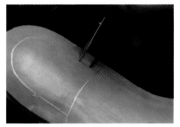

03 在上一步画好的线上，每隔10mm 做一个标记。

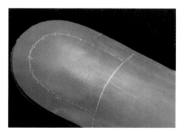

04 这是在线上做好标记的样子，这些标记就是后面要钉钉子的位置。

05 在标记上用短锥开孔。

06 用扁尾锤敲打锥柄，直到整个锥头都扎进皮革。

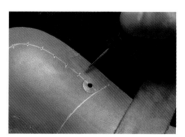

07 拔掉短锥后，标记处会有一个直径 2mm 的孔。

08 用短锥继续沿着标记开孔。

要点

09 下面要用木钉将内底和外底固定在一起。

10 将木钉插到孔里，用扁尾锤钉进去。

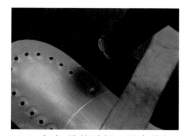

11 钉钉子的时候，要直着钉，以确保钉子不会变弯。

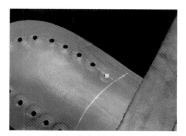

12 将整根木钉都钉进去，只留钉帽在外底表面。

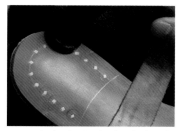

13 钉完后，用扁尾锤在表面敲打一遍。

14 用木锉打磨后跟部位，将表面锉毛糙。

15 快到了开了槽皮的部位时，不要磨得太厉害，以免藏在暗槽里的缝线露出来。

16 将后跟前端约 20mm 宽的部位，用180目的砂纸打磨一下。

◈ 准备制作鞋跟的部件

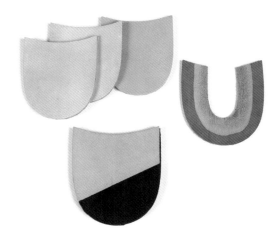

如图所示，左上三块是用来增加高度的鞋跟里皮，右边是盘条，左下是天皮。

17 这是外底后跟磨毛糙的样子。

◆ 安装盘条

01 用木锉打磨盘条的粒面。

02 将盘条粒面朝下放到外底相应的位置上，借助于鞋跟纸型在盘条上画出顶端的弧线。

03 画弧线时，盘条后端一定要跟外底后端的边缘对齐。

04 将盘条前端超出弧线的部分裁掉。

05 在盘条粒面涂上强力胶。

06 在外底后跟相应的位置也涂上强力胶。

07 蘸水将盘条的肉面打湿。

08 将盘条贴合到外底上，让它的前端略微超过鞋跟纸型前端的轮廓线。

09 将盘条粒面朝下跟外底贴合后，用扁尾锤敲打一遍。

10 贴好后，将超出底边边缘的部分裁掉。

11 对盘条肉面做削薄处理，使盘条表面和外底后跟的底面尽可能在同一平面上。

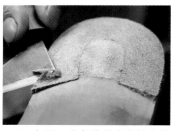

12 如图，盘条将外底往外凸的部分兜住了，看起来在一个平面上。

13 用木锉对后跟表面进行打磨。

14 将裁皮刀刀柄贴到后跟上，确认表面是否平整。

15 加了盘条并不能把后跟往外凸的弧度完全抹平，如图所示，中心部分还是略微凸起。

◆ 安装鞋跟里皮 1

01 将其他鞋跟部件叠放在一起，放在后跟部位看看效果，以便确定这些部件该如何加工。

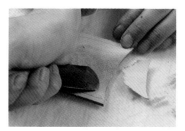

02 这里需要将用来增加高度的鞋跟里皮的中心部分削薄。

03 根据后跟的弧度，调整鞋跟里皮中心部分削薄的量。

04 蘸水将削薄的部位打湿。

05 用玻璃片将削薄的部位打磨均匀。

06 再用木锉将鞋跟里皮锉毛糙。

07 这是第一块鞋跟里皮加工完的样子。

08 在鞋底的后跟部位涂强力胶。

09 在鞋跟里皮加工过的那一面也涂上强力胶。

10　让鞋跟里皮前端超出鞋跟纸型前端的轮廓线约 1mm，将鞋跟里皮贴到后跟上。

11　贴好后，用扁尾锤敲打鞋跟里皮，将其打实。

12　将超出底边边缘的鞋跟里皮裁掉。

13　鞋跟里皮后端的边缘，要顺着外底的形状裁切。

14　用木锉将鞋跟里皮的表面磨平整。

15　一边磨一边确认，鞋跟里皮的表面是否在一个平面上。

16　将间距规的间距调整为 13mm，如图在鞋跟里皮表面画线。

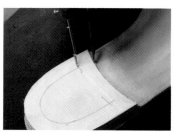

17　鞋跟里皮前端也按同样的宽度画线。

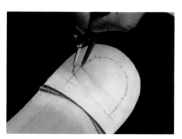

18　在画好的线上，每隔 10mm 做一个标记。

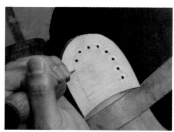

19　用短锥沿着做好的标记开孔。

20　开完孔后，钉上木钉。

21　钉好后用木锉修整鞋跟里皮表面。

22 装完第一层鞋跟里皮后，检查一下鞋跟是否在一个平面上。

◆ **安装鞋跟里皮 2**

01 将剩下的鞋跟部件叠放在鞋跟下面，鞋跟的弧度已调好，但还需改良角度。

02 在第二层鞋跟里皮肉面放上鞋跟的纸型，沿着纸型的轮廓画线。

03 根据步骤 01 观察的结果确定需要改良的角度，在鞋跟里皮表面做削薄加工。

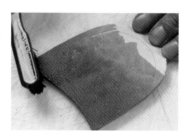

04 蘸水将削薄的部位打湿。

05 用玻璃片将表面削薄的部位刮均匀。

06 用木锉将鞋跟里皮的表面锉毛糙。

07 图中是加工后的第二块鞋跟里皮。

要点

08 将剩余的鞋跟部件叠放到鞋跟下面，确定部件之间是否会产生缝隙。

09 在已经钉好的第一层鞋跟里皮上涂强力胶。

10 在第二块鞋跟里皮的表面也涂上强力胶。

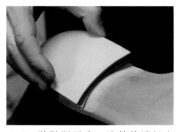

11　贴鞋跟里皮，让其前端超出鞋跟纸型前端的轮廓线 1mm 左右。

12　贴好后，用扁尾锤敲打。

13　超出底边边缘的部分，顺着底边边缘的形状裁切。

◆ **安装鞋跟里皮 3**

01　再一次将剩余的鞋跟部件叠放在皮鞋相应位置的下面，检查有无缝隙。

02　将第二层鞋跟里皮的肉面和第三块鞋跟里皮的粒面，用木锉锉毛糙。

03　在将要贴合的两个面上都涂上强力胶。

04　按照同样的方法，将第三块鞋跟里皮贴到鞋跟上。

05　贴完后，同样用扁尾锤敲打。

06　超出底边边缘的部位，顺着底边边缘的形状裁掉。

07　将所有已经贴合在一起的鞋跟部件的边缘修整得自然平滑。

要点

08　将天皮放到鞋跟下面，检查整块天皮是否都能自然地跟地面接触。

09　将间距规的间距调整为15mm，然后沿着第三层鞋跟里皮的边缘画线。

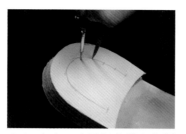

10　在上一步画好的线上每隔10mm做一个标记。

11　先在鞋跟后端的四个标记上，钉上长度为22mm的铁钉。如图让铁钉微微倾斜。

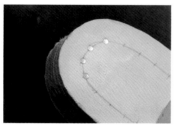

12　图中是钉22mm铁钉的四个位置。其余标记处钉19mm的铁钉。

13　钉完所有的钉子后，用上钉器将钉子整个打进皮革里。

14　这是所有钉子都钉进鞋跟的样子。所有钉子的前端都会钉入外底。

◆ 安装天皮

01　将天皮上的橡胶层用木锉锉毛糙。

02　如图在第三层鞋跟里皮上涂强力胶。

03　在天皮的橡胶层上也涂上强力胶，涂薄一点儿，涂两遍。

04　前端对齐将天皮和鞋跟里皮贴合起来。

05　贴完后，用扁尾锤敲打。

06　将天皮超出底边边缘的部分裁掉。

01 用裁皮刀修整鞋跟的断面，使断面的线条自然流畅。

07 这是装了所有鞋跟部件后的样子。检查一下天皮的整个平面是否都跟地面接触。

02 在鞋跟前端的两侧边缘，各画一条微微倾斜的线，作为断面的修整线。

03 准备裁掉超出修整线的部分。

04 将鞋跟纸型叠放在鞋跟底面上，沿着纸型前端画修整线。

05 用裁皮刀沿着修整线修整鞋跟前端。

06 将裁皮刀从侧面的修整线切入，一点点地修边。

07 修整前端的中心部位时，注意不要划伤外底。

08
这是鞋跟前端修整完的样子。

09 安装完鞋跟，皮鞋的制作就快完成了。

手工制鞋所需的主要工具⑤

打磨工具

　　锉刀是给鞋底等有一定厚度的皮革修边时不可或缺的工具之一。可以用锉刀在玻璃片上划上刻痕，然后割成边缘倾斜的形状，作为薄薄地削皮革的工具。

锉刀

经常用来打磨皮革边缘的卷边，这里使用的是中齿的铁质锉刀。

木锉

用于将贴合面锉毛糙；修整皮革边缘也经常会用到木锉，这里使用的是粗齿的铁质木锉。

镰刀形锉刀

镰刀形铁质锉刀，剖面呈凹弧状，越往前端越薄。本书中我们主要用它来打磨鞋后跟跟外底连接部分的边缘。

玻璃片

玻璃片的切口呈一定的弧度，利用这个弧度可以薄薄地削皮革。

内底用锉刀

这种工具长长的手柄前端装了一个手掌大的锉刀。用于在皮鞋脱楦后打磨内底。

开孔工具

　　根据开孔的位置以及使用目的，选用的开孔工具也会有所不同。缝内线时使用的缝鞋锥，尖端是弯的，开的孔有弧度。

圆冲

圆冲是开圆孔的工具。本书中，主要用圆冲开鞋眼或者在纸型两端开圆孔。

圆锥

圆锥主要用于开小圆孔。另外，制作纸型时，需要将纸型上的切口痕迹加深时也会用到圆锥。

缝鞋锥

缝鞋锥是缝内线时用来开缝孔的工具，其尖端是弯曲的。开缝孔时，要不时蘸蜡以方便开孔。

短锥

用于开固定鞋跟用的木钉的钉孔。

牛津鞋制作教程

整饰外观

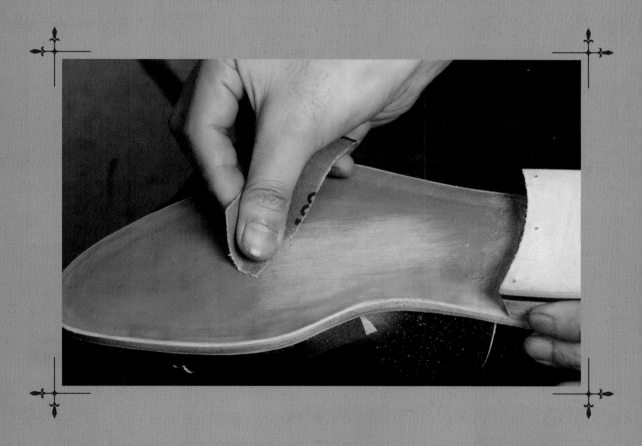

　　这里我们会通过对断面及底面进行抛光整饰，来完成手工制鞋的最后一道工序。边缘要用磨边蜡打磨，鞋底底面要用海萝胶和鞋底油进行抛光。鞋帮要用鞋油擦亮，鞋头的装饰边也要仔细地涂上鞋油上色。

145

对各个部位进行打磨抛光

至此皮鞋已经完全成型，接下来要做的是对细节进行处理。这个时候，鞋底的断面还是原色的，表面也很粗糙，所以需要将断面磨平滑、染黑并且上磨边蜡进行抛光。鞋底底面和鞋跟底面都要刮一遍，然后做成两种颜色相间的图案，涂上海萝胶并擦拭一遍，最后涂上鞋底油。鞋帮先涂上皮革护理油护理一遍，再擦拭鞋油抛光；鞋头和鞋跟都要用高光鞋蜡抛光。

细节的处理，是非常重要的一道工序，可以让皮鞋变得完美。

◇ 打磨抛光断面 1

01 蘸水将鞋跟断面打湿。

02 用扁尾锤的扁头仔细地敲打断面。

03 挨个敲一遍，将断面打紧实。

04 用木锉打磨鞋跟断面。

05 鞋跟前端的断面也要用木锉打磨。

06 鞋底其他部位的断面也用木锉打磨一遍。

07 修整断面，使沿条上的针脚到边缘的距离相等。

08 将鞋跟底面的边缘斜着磨掉一点儿。

◇ 在鞋跟底面钉装饰钉

01 用玻璃片将天皮上皮革部分的粒面刮掉。

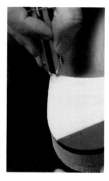

02 在距鞋跟边缘
4~5mm 处压线。

03 鞋跟前端边缘
也要压上线。

04 将鞋跟纸型叠
放在鞋跟上，
在鞋跟前端的
中点做标记。

05 做开孔的标记，位置可以自
由决定，并用锥子开孔。

06 这里准备钉 5 根装饰钉，要
事先用锥子将孔开好。

07 钉上 15mm 长的钉子，留 3~
4mm 在表面。

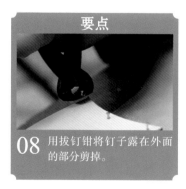

要点

08 用拔钉钳将钉子露在外面
的部分剪掉。

09 用锉刀将剪掉的钉子的断面
磨平。

10 这是钉了装饰钉的鞋跟。装
饰钉主要起装饰作用。

◆ 打磨抛光断面 2

01 再次蘸水将鞋跟的断面打湿。

02 用玻璃片刮一刮断面，将表
面修平整。

03 将鞋底的断面也用水打湿。

04 然后用玻璃片刮平整。

05 鞋跟前端的断面也用水打湿。

06 与其他断面一样，也用玻璃片刮一下。

07 这是所有断面都用玻璃片修过的样子，表面有玻璃片刮过的痕迹。

08 接着用180目的耐水砂纸将鞋跟断面上玻璃片留下的痕迹打磨掉。

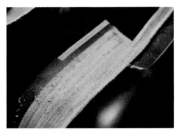

09 这是用砂纸打磨过的样子。

10 将除了鞋跟的其他断面也用180目的耐水砂纸打磨一遍。

11 所有断面都打磨完后，再次蘸水将鞋跟断面打湿。

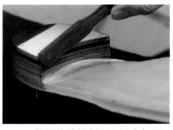

12 鞋跟前端的断面也用水打湿。

13 将鞋跟断面再次用180目的耐水砂纸打磨一遍。

14 鞋底的断面也再次用水打湿。

15 再次用180目的耐水砂纸打磨一遍，将玻璃片留下的痕迹打磨掉。

16 经过以上操作，鞋底的断面已经被打磨得比较平滑了。

17 打磨时施加的力会使沿条上部变形。用压边棒压一压沿条，注意不要把针脚压扁了。

18 用裁皮刀贴着沿条的边缘做倒角处理。

19 这里倒角是一项精细活，需要静下心来仔细操作。

20 这是倒角完成的样子。倒角处距针脚不到1mm，差不多是紧挨着针脚操作的。

21 底边也要用压边棒压一压。

22 让锉刀与底边呈30°角，贴着底边，进行倒角操作。

23 然后用180目的耐水砂纸将倒角部分磨平整。

倒角操作也可以用专用的倒角工具。

24 后跟部位没有沿条，倒角的部分会变窄，操作时注意不要伤到帮面。

149

25 用镰刀形锉刀将鞋跟断面的线条打磨得自然流畅。

26 通过一系列精加工后，鞋跟和鞋底的断面都变得更加光滑了。

◆ 打磨外底

01 先用180目的耐水砂纸打磨鞋跟的皮革部分。

02 然后打磨外底的表面。

03 这是外底打磨完的样子。

◆ 烙铁压边

01 蘸水将沿条表面打湿。

02 用印花轮沿着沿条上压好的印迹再压一遍。

03 也可以用月牙状烙铁顺着印迹挨个压一遍。

04 像这样在沿条上清晰地压上印花轮的痕迹后，不仅看起来更美观，还可以将缝孔压实，增加防水效果。

05 用外底边缘专用的烙铁贴着边缘烫压一遍，烙铁的宽度要跟边缘的厚度一致。

06 蘸水将边缘打湿。

07 用外底边缘专用的烙铁用力压外底边缘，让其定型。

08 蘸水将鞋跟的断面也打湿。

09 用方块头烙铁压一遍鞋跟断面，让其定型。

10 再用银杏叶状烙铁压一遍，鞋跟断面至此就很平整了。

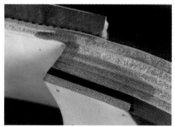

11 将鞋跟前端的两侧用水打湿。

12 在鞋跟前端的两侧，用窄边烙铁竖着各压一道装饰线。

13

经过烫压后，断面变得很平滑，线条分明，非常挺括。

◈ 给断面染色（半乌鸦染色）

01 用速干染料将鞋跟断面染成黑色，要来回涂两三遍。

02 鞋底的断面也要染色。染色时，注意不要涂到底面无须染色的部位上。

03 沿条上的针脚也要染黑，染的时候用细毛笔一点点地刷沿条表面。

◆ **整饰鞋底**

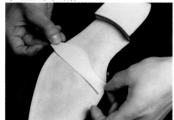

04 这是染黑的样子。针脚也染黑了，这样沿条下方的断面跟鞋帮看起来就成一色的了。

01 如图将美纹纸胶带一侧的弧度剪成自己喜欢的样子，贴在鞋底上。

02 鞋跟前端的断面无须染色，所以要贴上美纹纸胶带以防沾上染料。

03 如图，在鞋腰没有贴美纹纸胶带的部分涂上黑色染料。

04 鞋底和鞋跟相交处用细毛笔蘸染料仔细上色。

05 跟美纹纸胶带相交的部分，也用细毛笔沿着美纹纸胶带的边缘染色。

06 将烫边用的各种烙铁都放在电热炉上加热。

07 将黑色磨边蜡放到电热炉上加热一下，让前端熔化变软。

08 用加热过的磨边蜡擦一遍鞋底染黑的部分。

09 擦完后，用稍稍加热过的银杏叶状烙铁贴着底面慢慢走一遍，将蜡抹匀。

10 用棉纱布打磨涂了磨边蜡的部位，打磨至有光泽。

11 将美纹纸胶带揭掉。

12 鞋底这种黑白相间的设计，被称为"半乌鸦染色"。也可以全染成黑色的，叫"全乌鸦染色"。

◆ **打磨抛光断面 3**

01 用加热过的磨边蜡擦拭鞋跟断面。

02 鞋底的其他断面也要用加热过的磨边蜡擦一遍。

03 用加热过的银杏叶状烙铁烫一遍鞋跟断面，将蜡涂匀。

04 鞋底其他断面则用加热过的鞋底边缘专用烙铁烫一遍，把蜡抹匀。

05 用棉纱布擦拭鞋跟断面至有光泽。

06 擦的时候要用点儿力道，摩擦生的热使凝固的蜡熔化后，表面就会产生光泽。

07 鞋底其他断面也要用棉纱布打磨至有光泽。

08 用玻璃片将不小心擦到底面上的磨边蜡轻轻刮掉。

09 在鞋跟边缘涂磨边蜡。

10 在鞋底边缘也涂上磨边蜡。

11 用窄边烙铁烫压边缘，压上装饰边框。

12 用砂纸将多余的蜡轻轻擦掉。

13 用烙铁压线器在鞋跟上端靠近帮脚的边缘压装饰边线。

◆ 打磨鞋底

01 将海萝胶放到水中加热让其化开。

02 在鞋底没有染色的部分涂上海萝胶。

03 用棉纱布仔细擦拭，擦至有光泽。

04 鞋跟没有染黑的部分也涂上海萝胶。

05 鞋跟前端的断面也涂上海萝胶，然后用棉纱布擦亮。

06 最后把帮脚上的胶带小心地揭掉。

07　至此，这双牛津鞋的制作全部完成！

◆ 上光保养

01　将绑在鞋眼上的绳子剪断。

02　轻轻取下绳子，不要太用力，以免增加鞋耳及鞋舌的负担。

03　用鞋刷将帮面上的灰尘轻轻刷掉。

04　挤一些鞋底油到棉纱布上。

05　擦鞋底涂了海萝胶的部分。

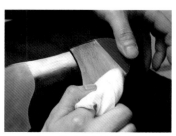

06　鞋跟没有染黑的部分也要擦鞋底油。

07 准备给鞋帮涂皮革护理油。

08 用棉纱布蘸取皮革护理油，涂在帮面上。

09 皮革护理油不仅有助于皮革保湿，还能让皮革保持弹性和色泽。

10 将黑色鞋油涂在帮面上。

11 鞋头的装饰孔里面和切口边缘也要仔细地涂鞋油。

12 涂上鞋油后，皮鞋表面的光泽会消失。

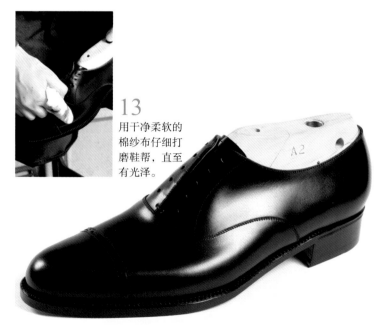

13 用干净柔软的棉纱布仔细打磨鞋帮，直至有光泽。

14 这是涂了鞋油并抛光后的样子。检查一下鞋头的切口边缘以及装饰孔里面是否都和帮面一样都是黑色的。

◆ 高光处理

01 用干净的棉纱布蘸取高光鞋蜡，以打圈的方式轻轻涂抹在前帮上。

02 后帮也用同样的方法涂上高光鞋蜡，做高光处理。

03 鞋底染成黑色的部分也涂上高光鞋蜡，做高光处理。

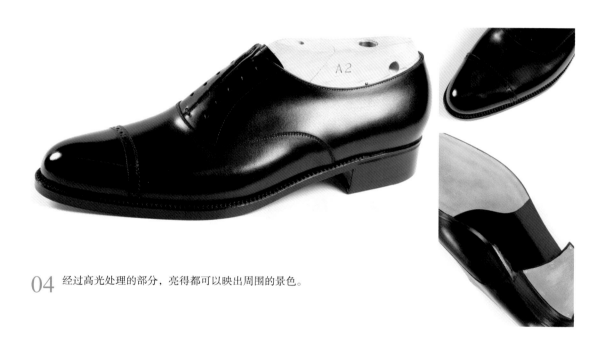

04 经过高光处理的部分，亮得都可以映出周围的景色。

◆ 皮鞋脱楦

01 准备给皮鞋脱楦。用扁尾锤敲打鞋楦统口部分。

02 经过敲打，统口前端会产生缝隙。将扁尾锤的扁头插进缝隙。

03 用扁尾锤用力撬开鞋楦统口前端，将固定用的五金拔掉。

04 准备好脱楦器。

05 将脱楦器套在鞋楦的孔里。

06 图中是脱下来的鞋楦统口的前端。

07 将脱楦器的尖端完全插到楦孔的深处。

08 双手握住鞋后帮，从鞋楦上拔下鞋子，这一步非常费力。

09 这是皮鞋从鞋楦上脱下来的样子。涂在鞋楦上的婴儿爽身粉有助于脱楦。

◆ 垫入后跟垫

01 脱楦完成后，内底的后跟露着一圈钉帽。

02 用尖嘴钳将露在表面的钉帽剪掉。

03 用内底专用锉刀将内底后跟部位磨平。

04 用棉纱布仔细擦拭。

05 接下来在后跟垫上用铜模压图标。

06 在后跟垫中间部位，垂直按压铜模。

07 将后跟垫翻到背面，在前端涂 10mm 宽的皮革软胶。

08 在后跟垫中心也如图所示用皮革软胶涂一个圆圈。

09 后跟垫比内底后跟对应的部分宽 3mm，贴完正好能将内底跟鞋帮相交的部分盖住。

10 确定好位置后，用手指按压涂了皮革软胶的部位，将后跟垫贴牢。

11 这是贴上后跟垫的样子。

◆ 系鞋带

01 用平行系法穿鞋带。从最前方的一对鞋眼开始，将鞋带从鞋孔表面穿到里侧。

02 如图，第一对鞋眼都穿上鞋带后，拉紧，将左右两侧的鞋带调至一样长。

03 将图中右边的鞋带，从左边第三个鞋眼里侧穿到帮面上。

04 将图中左边第一个鞋眼中的鞋带，从右边第二个鞋眼里侧穿到帮面上。

05 将上一步穿到第二个鞋眼外面的鞋带，从左边第二个鞋眼外面穿到里侧。

06 将步骤 03 穿到左边第三个鞋眼外面的鞋带，从右边第三个鞋眼外面穿到里侧。

07 将右边第三个鞋眼里侧的鞋带，从左边最后方的鞋眼里侧穿出来；将左边第二个鞋眼里侧的鞋带，从右边第四个鞋眼里侧穿到帮面上。

08 将右边第四个鞋眼外面的鞋带，从左边第四个鞋眼穿回里侧，再穿过鞋舌上的孔。

09 将穿过鞋舌的鞋带，从右边最后方的鞋眼穿到外面。

10 调整鞋带，让鞋耳紧紧靠拢在一起，打结，将鞋带绑好。

11 系好鞋带后，牛津鞋的制作就完成了。

12 这便是这双牛津鞋的成品。想到它是用一张皮革制作而成的，你就会不由得感慨，这就是手艺的魅力。

精湛的手工制鞋工艺

　　对鞋耳闭合的系带牛津鞋而言，制作时最重要的是要保证鞋面线条自然流畅。鞋楦决定着牛津鞋的鞋型，所以能否制作出合适的鞋楦，是非常考验制作者的手艺的。三泽老师做的这双牛津鞋，堪称完美，简直算得上手工艺品，仅用"纯手工鞋"几个字根本无法表达出它的精致并展现出老师精湛的制鞋技艺。相信读过本教程的读者，都跟我持相同的观点吧。

手工制鞋所需的主要工具⑥

固定五金用的工具

这里介绍的主要是在鞋眼上安装气眼时使用的工具。表面的鞋带气眼用冲孔模具固定，里面的鞋带气眼则用菊花冲固定。

冲孔模具

冲孔模具是用来固定鞋带气眼的专用工具，要配合底座使用。

菊花冲

使用单面气眼时，用于将气眼的脚钉压成菊花状的上模工具。

各类专用烙铁

这里介绍的烙铁是修整皮革边缘时使用的烫压工具，不同烙铁的作用和使用场合各不相同。使用时，要先用酒精灯或电热炉加热烙铁。

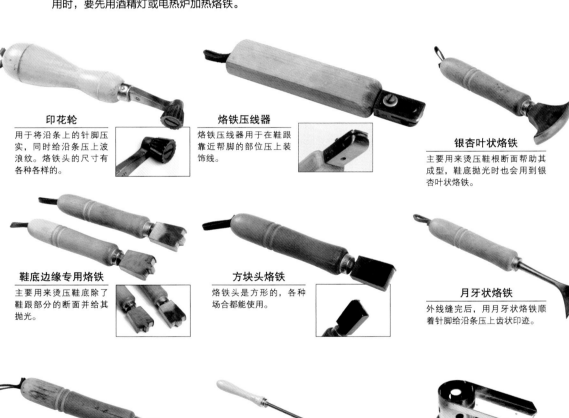

印花轮

用于将沿条上的针脚压实，同时给沿条压上波浪纹。烙铁头的尺寸有各种各样的。

烙铁压线器

烙铁压线器用于在鞋跟靠近帮脚的部位压上装饰线。

银杏叶状烙铁

主要用来烫压鞋根断面帮助其成型，鞋底抛光时也会用到银杏叶状烙铁。

鞋底边缘专用烙铁

主要用来烫压鞋底除了鞋跟部分的断面并给其抛光。

方块头烙铁

烙铁头是方形的，各种场合都能使用。

月牙状烙铁

外线缝完后，用月牙状烙铁顺着针脚给沿条上齿状印迹。

窄边烙铁

窄边烙铁用来在底边边缘压上边线，烙铁头的尖端很薄。

铜模

铜模，用来刻 logo 的小工具。先用酒精灯加热，然后直接按在皮面上。

酒精灯

酒精灯，主要用来加热烙铁。需要同时加热几根烙铁时，可以使用电热炉。

手工制鞋所需的主要工具⑦

抛光工具

抛光是皮鞋制作过程中的最后一道工序。抛光的部位不同，该选择的抛光工具也不同。只有根据部位选择相应的抛光工具，才能制作出完美的作品。

打火机

打火机用来烧熔皮革切口边缘的毛刺，也可以用来烧熔线头。

封边剂

这里使用的是给皮革封边染色用的皮边处理剂。涂上封边剂可以对皮革的边缘进行密封。

皮革用速干染料

用于给鞋底断面以及沿条染色的染料。多涂几层的话，颜色会变深。

磨边蜡

用于给鞋底断面封边抛光。要先加热让其熔化再使用，还可以将蜡化到封边剂里。

海萝胶

用于打磨鞋底。使用时要先将干燥的海萝胶放到热水里化成糊再使用。

鞋底油

给鞋底抛光时用的油，可以提高皮鞋的防水性及耐磨性。

鞋刷、鞋油

小鞋刷用于将鞋油擦到皮革上；大鞋刷主要用于将鞋油涂均匀以及清除灰尘。皮革护理油用棉纱布涂抹。

其他工具

没有脱楦器的话很难将鞋楦从皮鞋里拔出来，因此，脱楦器是手工制鞋不可或缺的工具之一。橡胶带主要用于将内底牢牢地缠在鞋楦底面上。

夹子

缝合鞋后帮时，为了防止两张皮革发生错位，需要用夹子将它们固定住再缝合。

橡胶带

将内底贴在楦底上时，可以用橡胶带将浸湿的内底和鞋楦紧紧缠在一起固定住。

脱楦器

勾住鞋楦，用于帮助顺利脱楦的钩子。

Derby

德比鞋制作教程

德比鞋也属于正装鞋，基本款德比鞋前帮通常无任何装饰。安装鞋底时采用了跟牛津鞋不同的技法——要用沿条将整个鞋底（包括后跟部位）围一圈。德比鞋采用开放式鞋耳设计，包头、前帮以及鞋舌（可以统称为前帮）通常由一张皮革制作而成，缝内线时难度较大。

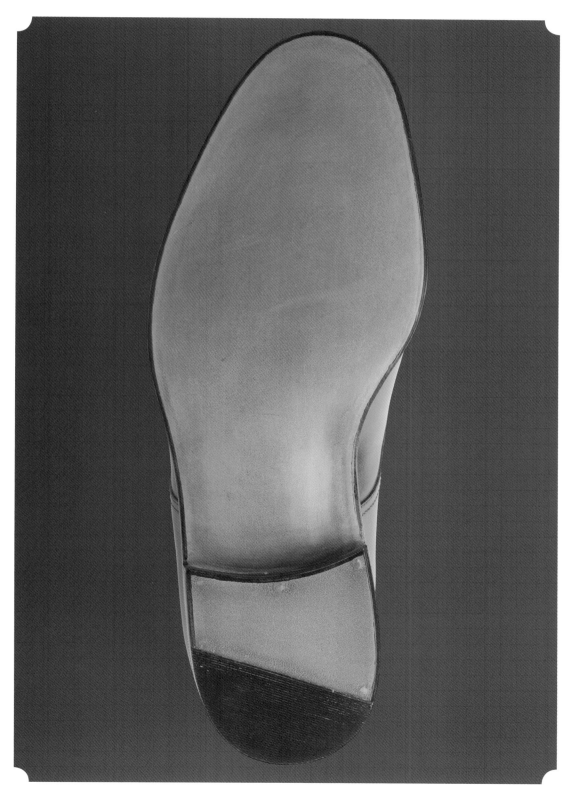

Derby   **开放式鞋耳设计，自在不拘束，更有休闲感。**

制作纸型

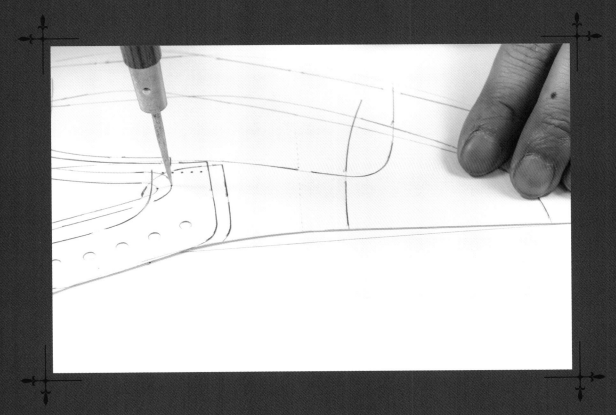

　　先从鞋楦上取型，制作基础样板，再以样板为基础，制作各个部件的纸型。制作的纸型如果出现偏差，制成的皮鞋的尺寸、形状等也会出现偏差。在纸型制作中，前帮的纸型制作起来尤其费时费力，一定要下足功夫制作出精确的纸型。

制作纸型

跟制作牛津鞋时一样，先制作基础样板，然后制作纸型。前面也提过，德比鞋采用的是开放式鞋耳设计，鞋耳是叠缝在前帮上的，松紧比较好调节。这里我们要制作的德比鞋前帮无任何装饰，不用单独制作包头，包头、鞋舌和前帮是一体的，前帮的纸型比较大。

此外，这双德比鞋内外两侧都有套结，套结的位置跟前面制作的牛津鞋的也有所不同。还有一些细节也有所不同。不过，制作纸型依然是整个制作过程中最基本、最重要的环节。

◆ 制作基础样板

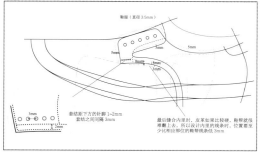

这是我们要制作的德比鞋的基础样板图

01 在基础样板上标好帮面的线条，跟制作牛津鞋时的做法差不多。

02 在帮面线条外侧 5mm 处，画内里的线条。

03 在帮面统口线外侧 5mm 处，画与之平行的内里统口线。这部分会作为放宽量，最后会用冲里刀修掉。

04 由于是外耳式设计，所以鞋耳前端也要加 5mm 的放宽量。

05 借助云形尺将内里的线条画清晰。

06 在鞋耳上标清楚内侧、外侧的轮廓线、内里的线条以及套结的位置等。

07 确定好鞋耳及鞋耳内里的线
条后，用云形尺将线画清晰。

08 将内里线条相交处自然地连
在一起。

09 这是所有必要的线条都描到
基础样板上的样子。

10 用美工刀沿着基础样板外围
的线条裁切。

11 底线相交后的部分也按外侧
的线条裁切。

12 这是裁好的基础样板。

13 基础样板内的线条，将除了
两端外的中间部分切开。

14 底部相交的线段也用美工刀刻成镂空的样子。

15 在鞋眼的位置用圆冲开直径
3.5mm 的孔。

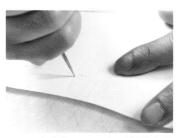

16 在步骤 13、14 切开的线段的
端点，用圆锥戳孔。

17 这是线条镂空以及端点戳了
孔的基础样板。

◆ 制作内包头的纸型

01 将绘图纸上画好的直线跟帮面背中线对齐，将内包头的轮廓描到绘图纸上。

02 画好半边后，将基础样板翻转到另一侧，继续画另半边。

03 这是画好的内包头，注意不要将内侧和外侧的线条描反。

04 在内包头的弧线外侧9mm处画与之平行的线。

05 画完后用云形尺将线描清晰。

06 用美工刀沿外围的线条裁切。

07 在顶端以及内侧各剪一个牙口作为标记。

08 这是做好的内包头纸型。

◆ 制作主跟的纸型

01 把半个主跟的轮廓描到绘图纸上，然后用美工刀沿着后弧线以外的线条裁切。

02 将裁切好的部分沿着后弧线对折，画另半边的线条，画完后裁切。

03 主跟纸型裁好后，在后弧线下端以及内侧各剪一个牙口作为标记。

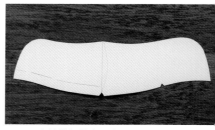

04 这是做好的主跟纸型。

◆ 制作鞋耳的纸型

01 将鞋耳的线条描到绘图纸上。

02 套结位置用圆锥透过基础样板在绘图纸上戳孔。

03 在后弧线外侧 1mm 处做标记。

04 根据上一步做的标记画 1mm 的合缝量标记线。

05 基础样板上线与线相交的地方没有画到绘图纸上，用笔连接这些地方。

06 准备在外侧鞋耳上画狗尾式后帮。先沿着狗尾式后帮外的其他线条裁切。

07 如图所示沿狗尾式后帮的线条刻入刻痕。在狗尾式后帮上后弧线外侧 0.5mm 处画线。

08 以上一步画的线为轴折叠狗尾式后帮，并将它描到绘图纸上。

09 用美工刀沿着画好的线条裁切，得到带有整个狗尾式后帮的外侧鞋耳的纸型。

10 用直径 3.5mm 的圆冲在鞋眼的位置开孔。

11 在鞋眼旁边装饰线的中间和两端用直径 1mm 的圆冲开孔。

12 将孔与孔之间的线段刻成镂空的样子。

13 这是制作好的鞋耳纸型。

✦ 制作前帮的纸型

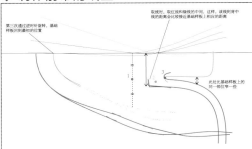

第三次通过逆时针旋转，基础样板回到最初的位置

取线时，取红线和绿线的中间，这样，该线到背中线的距离会比较接近基础样板上相应的距离

此处比基础样板上的同一部位弯一些

对称轴的位置略有调整，做法跟制作牛津鞋前帮内里的做法基本相同，总体而言，就是旋转调整基础样板，将样板上超过对称轴的部分调整到对称轴下方（图中红线为对称轴）

01 让绘图纸上画的对称轴跟基础样板前端的背中线对齐。

02 参考上图中蓝色的线条，将基础样板上底边的轮廓描到绘图纸上。

03 用直尺量一下外侧底边沿线到背中线的距离。

04 以上一步测量的距离的中点为轴心第一次旋转基础样板。

05 使样板上跟鞋耳根部缝合的、套结上方的背中线和对称轴在同一条直线上。

06 保持这个角度，画鞋耳根部形成的角的线条。

07 这是画好的鞋耳根部所形成的角的线条。

08 保持这个样子，把样板上底边的轮廓描到绘图纸上（参考绿色部分）。

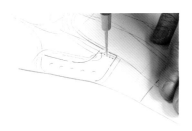

09 第二次旋转的轴心在套结中间（参考顶部图中的 2）。

10 使鞋舌背中线跟对称轴在同一条直线上，把鞋舌的线条描到绘图纸上。

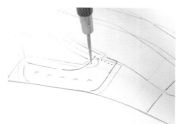

11 将圆锥扎在鞋舌根部最凹处，做最后的旋转调整。

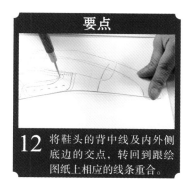

要点

12 将鞋头的背中线及内外侧底边的交点，转回到跟绘图纸上相应的线条重合。

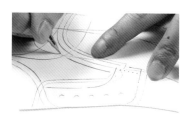

13 沿着样板的轮廓，将左页参考图中的红线描到绘图纸上。

14 这是从基础样板上描到绘图纸上的线条，现在准备把线条描清晰、描完整。

15 将底边重叠的线擦掉。

16 擦掉多余的线条后，用云形尺将线条描清晰。

17 将鞋舌根部的线条，调整得自然顺畅。

18 将多余的线擦掉。

19 将鞋舌靠近统口一侧的线条，修成跟背中线垂直。

20 用尺子测量一下基础样板上背中线到鞋耳根部形成的角的距离。

21 在绘图纸上跟样板同一部位相近的位置取角度画线，用云形尺将线描清晰。

22 在鞋舌根部最凹处用合适的圆冲开小孔。

23 用美工刀沿着图形外围的线条裁切。

24 裁完以背中线为对称轴对折。

25 对折后将轮廓描到绘图纸上，将内侧的底边用描线轮描到绘图纸上。

26 展开，绘图纸上所描的图形为前帮内侧的图样。

27 将前帮内侧的图样裁切下来。

28 裁底边时，外侧底边和内侧底边注意不要裁错了。

29 在前帮纸型的顶端以及内侧各剪一个牙口。

30 在跟鞋耳贴合的线条上用圆冲开几个1mm的孔（参考牛津鞋纸型的制作方法）。

31 在孔与孔之间的线段上刻上刻痕。

32 将孔与孔之间的线段刻成镂空的样子。

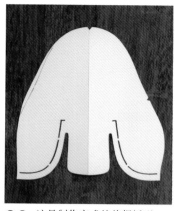

33 这是制作完成的前帮纸型。

34
这是做好的帮面纸型，由内、外侧鞋耳的纸型和前帮纸型组成。

◆ 制作鞋耳内里的纸型

01 根据基础样板画鞋耳的图形，在顶边外加 5mm 的放宽量。

02 画跟后弧线平行的线（方法参考第 47 页）。

03 将除后弧线外的线条用美工刀裁开，在接缝线上刻刻痕。

04 将后弧线与对称轴的交点以下的后弧线也裁开。

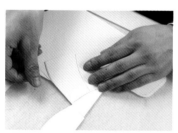

05 在对称轴上也刻一道浅浅的刻痕，将裁好的纸型沿对称轴对折。

06 将步骤 03 刻入刻痕的接缝线以及底边外围的轮廓描下来。

07 这是将对折的部分展开后的样子。

08 在画好的接缝线的外面加 8mm 宽的贴合部位，画线，用美工刀沿着这条线裁切。

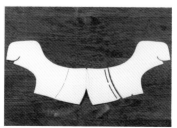

09 内侧鞋耳内里的纸型，只需裁取鞋耳到接缝线的部分。这是做好的鞋耳内里纸型。

◆ 制作前帮内里的纸型

01 前帮内里纸型的做法，跟前帮纸型的做法基本一致，描图的时候注意不要描错线条。

02 第一次旋转时，将鞋舌根部正上方的背中线转到跟对称轴在同一条直线上。

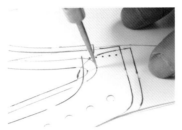

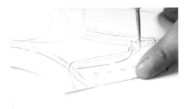

03 先将圆锥扎在鞋舌根部最凹处，再旋转基础样板。

04 将鞋舌背中线跟鞋舌根部的长设计线的交点旋转到跟绘图纸上的对称轴在一条直线上。

05 沿着样板上鞋舌内里的线条，在绘图纸上画线。

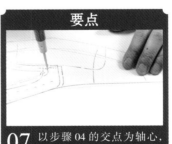

要点

06 将鞋舌后端端部到鞋舌与前帮相交的前端部分的线条描到绘图纸上。

07 以步骤 04 的交点为轴心，使前帮内里的背中线和底边沿线的交点在对称轴上。

08 画前帮内里的线条。

09 考虑到前帮内里比前帮小一些，顶端往里缩 3mm，背中线低 1mm。

10 用美工刀沿着内里背中线轻轻划一道浅浅的刻痕。

11 将画好的半边内里裁开，记得顶端从线条内侧 3mm 处开始裁切。

12 用美工刀沿着修得比较自然的底边裁切。

13 将裁好的半边沿着背中线对折，在绘图纸上描另半边的轮廓，画好后裁切下来。

14 将鞋耳处及跟侧帮内里贴合部分的线条刻成镂空的样子。

15 这是做好的前帮内里纸型。

◆ 制作侧帮内里的纸型

01 将基础样板上内外侧内里描到绘图纸上。

02 用美工刀沿着画好的线裁切。

03 这是做好的侧帮内里纸型。在内侧剪个牙口作为标记。

◆ 制作后跟垫的纸型

01 将内底纸型后跟部分的轮廓描到绘图纸上。

02 在画好的线外围 3mm 处，画与之平行的线。

03 用云形尺将上一步画的线描清晰。

04 画清晰后，用美工刀将后跟垫的纸型裁切下来。

通过预绷楦，检查纸型以及设计有无问题

纸型制作完成后，跟制作牛津鞋时一样，通过制作鞋帮样品及绷楦，检查有无偏差，然后调整有问题的地方。制作鞋帮样品时用的是较次的皮革。

根据纸型制作鞋帮样品。

将做好的鞋帮套在鞋楦上。

鞋帮套到鞋楦上后，从前帮开始绷帮。

绷的时候要将皮革拉紧，先用钉子固定前端点，前帮两侧也各用一根钉子固定。

根据后帮皮革上的标记绷后帮。

后帮绷好后，用钉子固定。

将后弧线上统口部位跟鞋楦上的标记对齐后，钉上钉子固定。

准备绷侧帮。

夹住侧帮，尽量使侧帮紧贴在楦面上。

绷好的部位用钉子固定。

这是预绷帮完成后的样子，检查一下是否跟自己设想的形状相同。

德比鞋制作教程

制作鞋帮

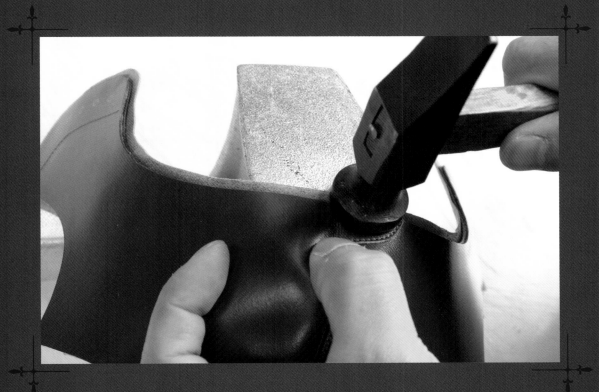

　　制作鞋帮，就是对帮面和内里的各个部件进行裁切、削薄加工后，用缝纫机将其车缝在一起，组合成鞋帮。其中，后帮合缝擂平作业是制作重点，要格外仔细。

裁切各个部件

这一步我们要将帮面和内里的各个部件从皮革上裁下来。帮面使用的是厚1~1.5mm的深棕色小牛皮。侧帮内里跟牛津鞋一样用的是猪皮，其余的内里及后跟垫跟牛津鞋一样用的是混合鞣制的皮革。这双德比鞋前帮没有任何装饰，帮面部件比牛津鞋少一些，相应地，前帮的部件比较大，要在皮革上选择合适的部位进行裁切。

除了跟纸型对应的部件外，还要准备两条15mm×500mm的边条。

◆ 裁切帮面部件

01 确认皮革表面的状态以及纤维走向，将纸型在合适的位置放好。

02 用银笔沿着纸型外围的轮廓描边。

03 图中是将纸型描在皮革上的样子。

04 用裁皮刀沿着银笔描好的线从外侧裁取各个部件。

05 较大的部件先用剪刀粗裁。

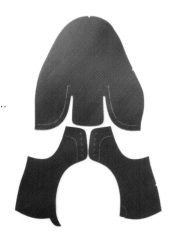

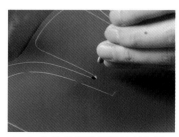

06 在鞋舌根部用跟纸型上同一尺寸的圆冲开孔。

07 用裁皮刀沿着画好的线精裁。

08 这是裁好的帮面部件。

◆ 裁切内里部件

01 放好纸型，用银笔沿着外围的轮廓描边。

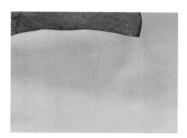

02 放纸型的时候，尽量放紧凑一些，以减少浪费。

03 先粗裁，再沿着线精裁。

04 跟帮面的做法一样，在鞋舌根部用同一尺寸的圆冲开孔。

05 内里部件和后跟垫从同一张皮革上裁取。

◆ 裁切侧帮内里

01 将侧帮内里的纸型放在猪皮粒面上，沿着轮廓描边。

02 用裁皮刀沿着画好的线裁切。由于猪皮很薄、很软，裁切时要用手牢牢按住皮革。

03 这是裁好的侧帮内里。

◆ 裁切边条

边条用的是比帮面颜色深的深棕色皮革，尺寸为 15mm×500mm，要准备两条。

削薄各个部件

　　这里我们要将部件上要跟别的部件粘贴的部位削薄。部件皮革厚1.5mm，如果直接粘贴，粘贴部分会变成3mm，又显厚又硌脚。削薄加工可以全部手动进行，不过，先用机器削薄，再手动修整效率会比较高。注意，有的部分要做只留粒面的片边出口处理，削薄处理时注意不要弄错。此外，皮革削薄机和手工削薄用的裁皮刀，一定要磨得很锋利，这是最基本的一点。

◆ 削薄帮面部件

01 用皮革削薄机将帮面的肉面削薄。

02 前帮后端边缘做片边出口处理。

03 鞋耳边缘要削去1/3或者1/4。

04 细节处要手工削薄。这里正在手工削薄的是鞋舌根部。

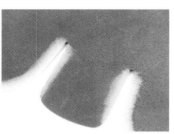

05 鞋舌两侧要削去1/2或者1/3。

06 鞋耳的狗尾式后帮的边缘要手工削薄。

07 狗尾式后帮的边缘削去1/3。

◆ 削薄内里部件

01 将内里部件的肉面用削薄机削薄。

02 前帮内里后端边缘跟帮面后端边缘一样做片边出口处理。

03 将鞋耳内里统口线边缘 8mm 宽的部分削去 1/3，接缝处做片边出口，其他边削去 2/3。

04 将后跟垫前侧边缘 8mm 宽的部分斜着削去 2/3。

05 将削薄机削薄的部分，再手工修整一下。

06 鞋舌内里三边都削去 2/3。

07 手工削薄鞋耳内里底边打了剪口的部分，将肉面修光滑。

08 这是鞋耳内里削薄后的样子。

09 将侧帮内里除了底边的其他三边的边缘宽 8mm 部分做片边出口处理。

10 这是侧帮内里没做削薄处理与做了削薄处理的对比图。

11 边条的肉面也要做削薄处理。

12 从边条边缘往中间削，两端斜着削薄。

13
如图，边条两侧斜着削薄后，正中间呈凸起的山形。

组装和缝合鞋帮

　　将经过剪裁和削薄处理的各个部件组装在一起，制成鞋帮。在组装过程中，部件慢慢地由平面变得立体。鞋帮的帮面和内里也会在这一过程中缝合在一起，形成一个立体的鞋帮。

　　缝合前帮和鞋耳时，必须在立体的状态下车缝，操作难度较大，需要多加练习。有的部分只需单独缝合帮面部件或者内里部件，有的部分需要将帮面和内里缝合起来，所以缝合之前一定要仔细确认。

◆ 分别缝合内外侧鞋耳及鞋耳内里

01 将统口边缘的切口用打火机烧熔一下。

02 烧完在统口边缘涂上封边剂封边。

要点

03 用玻璃片将狗尾式后帮粘贴部位的粒面刮毛糙。

04 将前帮内里的纸型叠放在前帮内里上，沿着侧帮的线条在内里上画线。

05 在外侧鞋耳内里的粘贴部位（粒面）涂上皮革软胶。

06 在内侧鞋耳内里的粘贴部位（肉面）也涂上皮革软胶。

07 对准粘贴部位，把内外侧鞋耳内里粘在一起。

08 在粘贴部位统口线下方8mm、距粘贴边缘5mm处，用银笔画平行于粘贴边缘的线。

09 从底边往统口线附近车缝，到统口线下方8mm处横过来沿着画好的线缝回底部。

10 粒面相对沿后弧线对折内外侧鞋耳内里并沿后弧线下部的剪口边缘缝合。

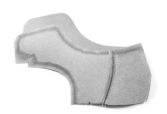

11 这是内外侧鞋耳内里缝合在一起的样子。

12 将内外侧鞋耳的粒面相对贴在一起，从狗尾式后帮下端开始往鞋耳底部缝合。

13 这是沿后弧线将内外侧鞋耳缝合在一起的样子。

14 狗尾式后帮等后面再缝合。

15 缝完后用打火机烧熔线头并固定。

◆ 擂平鞋耳内里的合缝

01 在鞋耳内里后弧线的缝合部位，涂上皮革软胶。

02 将鞋耳内里的后帮部分套在马形胎具上。

03 用扁尾锤的扁头敲打合缝，将皮革断面敲平。

04 换用圆头敲打，将合缝彻底擂平。

05 翻过来，正面朝上将鞋耳内里套到胎具上，从粒面再仔细敲打合缝。

◆ 擂平鞋耳的合缝

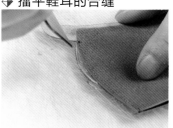

01 用美工刀贴着缝合处将鞋耳后弧线部位多余的皮革裁掉。

02 在后弧线的皮革断面上涂皮革软胶。

03 将后帮套到胎具上。

04 用扁尾锤的扁头敲打合缝。

05 换用圆头敲打，尽量将合缝捶平。

06 翻到表面，双手用力抻住合缝两边的皮革，套到胎具上后，再用扁尾锤敲打。

07 在合缝里侧贴上尼龙胶带。

08 贴胶带的时候要仔细按压，排掉空气，让胶带牢牢贴在合缝上。

09 在狗尾式后帮的粘贴部位涂上皮革软胶。

10 将狗尾式后帮对准并粘起来。

11 粘好后，用扁尾锤打实。

12 至此，鞋耳的形状如图中所示。

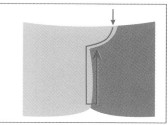

13 这双德比鞋款式休闲，所以使用粗一点儿的 14 号缝针和 20 号缝线。将针、线和缝纫机配套装好后，从狗尾式后帮处开始缝合。起缝处和收尾处各回缝一针。

14 缝到后弧线底部，再回缝到狗尾式后帮下端点，在收尾处回缝一针。

15 接着车缝鞋耳的装饰线，起缝处和收尾处各回缝一针。

16 将缝线挑到皮革肉面。

17 剪断缝线，留 2mm 线头。

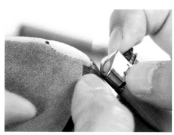

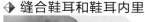

◆ **缝合鞋耳和鞋耳内里**

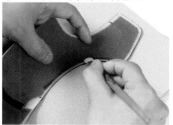

18 线头用打火机烧熔固定。

19 将装饰线的线头也挑到皮革肉面，用打火机烧熔固定。

01 在鞋耳统口的肉面边缘涂上皮革软胶。

02 在涂了皮革软胶的地方贴上尼龙胶带。

03 拐弯的地方打上剪口，让胶带严丝合缝地贴到皮革上。

04 贴好胶带后，用扁尾锤打实。

05 在边条肉面涂皮革软胶。

06 肉面朝内对折边条。

07 折好后，用扁尾锤打实。

08 用玻璃片刮边条的粒面。

09 在统口线及前端的边缘涂皮革软胶，贴了尼龙胶带的部分也要涂皮革软胶。

10 在边条表面涂皮革软胶。

11 将边条对准鞋耳统口线粘贴上去。

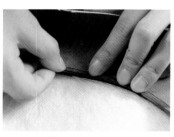

12 边条要微微超出统口边缘。

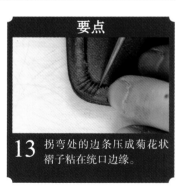

要点

13 拐弯处的边条压成菊花状褶子粘在统口边缘。

14 贴上边条后，用扁尾锤打实。

15 将拐弯处的褶子用裁皮刀削平，边条两端斜着削薄。

16 在粘好的边条上涂皮革软胶。

17 在鞋耳内里相应的部位也涂上皮革软胶。

18 将鞋耳内里的后弧线与帮面对准贴合,调整位置,使内里上边缘超出帮面边缘 5mm。

19 沿着统口对齐贴合鞋耳内里和鞋耳。

20 粘好后,用扁尾锤打实。

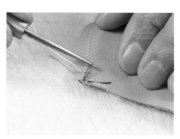

21 沿鞋耳上端边缘将鞋耳内里和鞋耳缝合在一起,此处无须回缝。

22 缝完后,将缝线挑到里侧并剪断,留 2mm 的线头。

23 线头用打火机烧熔固定。

24 在鞋耳内里超出帮面的地方,用剪刀剪一个口子。

要点

25 用冲里刀顺着剪开的口子,沿着帮面上边缘将内里多余的皮革裁掉。

26 将内里的放宽量裁掉后,鞋耳基本制作完成。

◆ 打鞋眼

01 根据纸型上的鞋眼标记，用直径 3.5mm 的圆冲，在鞋耳上开孔。

02 从表面套上鞋带气眼。

03 穿到里侧后套上气眼垫片。

04 从里侧用气眼专用的安装模具固定。

05 这种鞋带气眼在鞋耳表面可见的安装方法在休闲鞋上很常见。

06 检查一下鞋耳内侧的气眼是否装好。

◆ 缝合前帮和鞋耳

01 用玻璃片刮前帮后侧粘贴部位的粒面，并涂上皮革软胶。

02 如图所示翻开鞋耳内里，在鞋耳帮面和前帮粘贴的部位也涂上皮革软胶。

03 先粘前帮和鞋耳的左侧。

04 让内里剪了口子的部分从鞋耳帮面和前帮中间露出来。

05 粘好后，用扁尾锤敲打鞋耳和前帮的粘贴部位。

06 在粘贴部位距边缘 5mm 处画缝合基准线。

07 用缝纫机沿着左侧鞋耳粘贴部位的边缘车一道缝线，注意不要将鞋耳内里缝到一起。

08 车到之前车过的鞋耳边缘的针脚处，交叉后往回走线。

09 往回车的时候，压过鞋耳上的装饰线，沿着步骤06画的基准线缝。

10 粘贴右侧的鞋耳和前帮。

11 对准粘好后，用双手捏一捏粘贴部位。

12 用扁尾锤敲打粘贴部位，将其打实。

13 和左侧一样，在粘贴部位距边缘5mm处画缝合基准线。

14 右侧从鞋耳边缘开始，将粘贴部位缝合起来。

15 右侧粘贴部位的边缘缝合难度比较大，一边缝一边确认，不要缝歪。

16 这是鞋耳和前帮缝合在一起的样子，已经可以看出皮鞋的雏形了。

◆ 粘前帮内里

01 在鞋舌肉面涂上皮革软胶。

02 在鞋耳内里跟前帮内里要粘贴的部位也涂上皮革软胶。

03 在前帮内里的鞋舌部分以及要和侧帮内里粘贴的部位涂上皮革软胶。

04 在侧帮内里的肉面也涂上皮革软胶。

05 对准粘贴前帮和前帮内里。

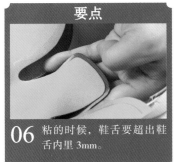

要点

06 粘的时候，鞋舌要超出鞋舌内里 3mm。

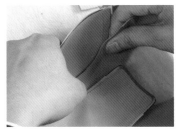

07 将鞋耳内里和前帮内里沿着画好的线对齐粘好。

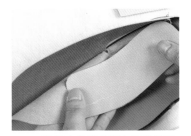

08 鞋耳内里和前帮内里粘好后，在其肉面一侧粘上侧帮内里。

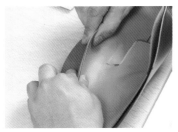

09 粘的时候，一边微微往里弯一边粘。

10 图中是内里成为一体的样子。

11 用扁尾锤仔细敲打内里的粘贴部位。

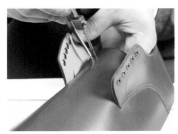

12 在距鞋舌边缘 5mm 处画缝合基准线。

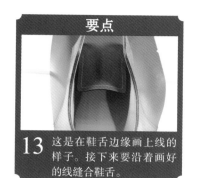

13 这是在鞋舌边缘画上线的样子。接下来要沿着画好的线缝合鞋舌。

14 缝合鞋舌，起缝处和收尾处各回缝一针。

15 缝完后，将缝线挑到鞋舌表面，烧熔固定。

16 在距前帮内里和鞋耳内里的粘贴边缘 5mm 处，画与粘贴部位的边缘平行的线。

17 在画好的线和粘贴边缘上车两道缝线。

18 收尾时，将线挑到皮革肉面，剪断并烧熔固定。

19 缝好的内里里面（粒面）的样子如图所示。

◆ 缝套结

01 将鞋耳的纸型叠放在鞋耳上，用圆锥戳套结的孔位，在鞋耳上做标记。

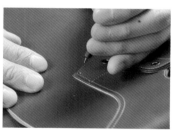

02 接下来要一边确认一边用直径 1mm 的圆冲开孔。

03 先在两头和中间间隔均匀地开孔。

04 接着在孔中间再开孔，这样就有了 5 个缝孔。

05 将缝线先从中间的缝孔里面穿到表面，再如图从相邻的前一个缝孔表面穿到里面。

06 接着让缝针穿过留在内里的缝线线头。

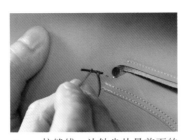

07 拉缝线，让针尖从最前面的缝孔里面穿到外面。

08 此时套结表面的针脚如图所示。将缝针穿过第二个缝孔回到里面。

09 让穿过第二个缝孔的缝针，再一次穿过缝线线头。

10 拉紧缝线，套结表面的针脚如图所示。

11 让缝针从里面第五个缝孔穿到外面。

12 接着从第四个缝孔表面穿回里面。

13 然后从中间的缝孔里面穿到表面。

14 然后从第四个缝孔表面穿回里面。

15 这样，缝线就穿过了所有的缝孔。

16 将缝线从最后面的针脚中间绕一圈。

17 打结收尾。

18 拉紧，让结缩小并固定。

19 留 2~3mm 的线头，将多余的缝线剪掉。

20 用打火机烧熔固定。

21 用扁尾锤敲打缝合处，将针脚压实。

22 这是缝好的套结，另一侧鞋耳也按照同样的方法缝套结。

23 将固定用的绳子穿过鞋眼，将鞋耳对齐绑紧。

24 至此，鞋帮制作完成，越来越有皮鞋的样子了。

德比鞋制作教程

绷楦

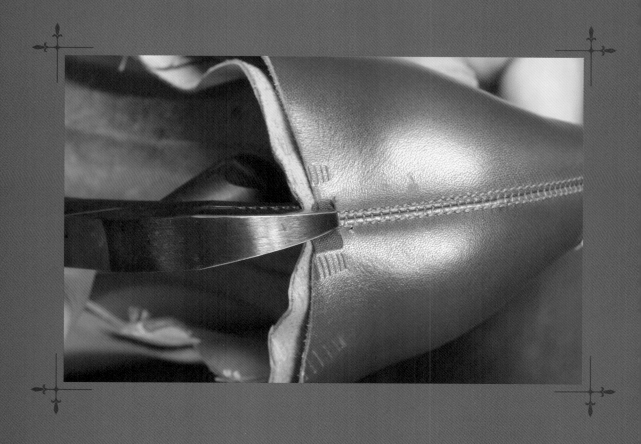

　　绷楦，决定了皮鞋的形状。这双包头、前帮和鞋舌连成一体的德比鞋，鞋帮的绷楦作业难度较大。绷的时候，要注意根据鞋帮形成的褶皱调整力道和方向。除此之外，还需考虑鞋帮左右两侧的平衡。

制作内底

裁内底时先粗裁，将内底贴在楦底上面后再精裁并给内底定型。给内底定型的方法是，蘸水将内底打湿，让其变软，然后用橡胶带将其绑在楦底，晾干后就成型了。晾干成型之前，是不能用内底来进行下一步工序的。所以，虽然这里是按照使用顺序来解说的，但其实内底的定型要提前做好，这样后面的操作会更加高效。

内底底面上还需要挖缝内线的凹槽，所以在内底定型后，还需在其底面画挖凹槽的基准线。

◆ 内底定型

01 将内底的纸型放在皮革粒面上，沿着纸型的轮廓画线。

02 用裁皮刀在画好的线外侧1~2mm处粗裁。

03 这里使用的是又厚又硬的植鞣革，很难一次裁好。先用裁皮刀切入一定的深度，然后沿着画好的线在外围刻上刻痕。

04 接着一手提拉皮革，一手沿着上一步刻好的刻痕裁切。

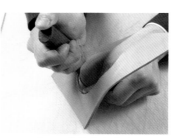

05 后跟和前端曲率较大，可以如图所示斜着往外多裁一些。

06 用玻璃片刮粗裁好的内底的粒面。

07 刮完再用40~50目的砂纸将表面打磨毛糙。

08 也可以用木锉锉毛糙。

要点

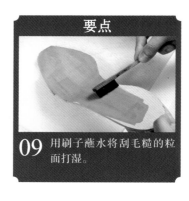

09 用刷子蘸水将刮毛糙的粒面打湿。

10 在内底肉面找前中后三个点，分别浅浅地钉上钉子。

11 将内底粒面朝内贴在楦底上。

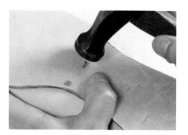

12 将内底上的轮廓线跟楦底对齐后，将钉子钉进楦底 5mm 左右。

13 将内底肉面上的钉帽部分，如图打弯让其扣在内底上。

14 沿着楦底边缘，将超出楦底的内底裁掉。

15 考虑到皮革晾干后会收缩，精裁时可以稍微多留 2~3mm。

16 用橡胶带将内底和楦底紧紧缠在一起。

17 缠好放一晚后，内底差不多就定型了。

利用皮革的可塑性，给内底定型

内底定型，主要利用的是皮革的可塑性。如果没有预先润湿皮革，就直接用橡胶带缠，很难达到定型的效果。所以缠橡胶带的时候，要确认内底的湿度是否合适。

◆ 内底成型

01 检查一下内底是否紧贴在楦底上。

02 定型后，沿着楦底边缘将多余的部分削掉。

03 这是修整后的样子。

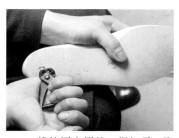

04 拔掉固定用的三根钉子，取下内底。

05 取下内底后，将边缘残留的卷边用裁皮刀修掉。

06 修完后，再用40~50目的砂纸打磨一下边缘。

07 修整好之后，再用三点固定法将内底固定到楦底上。

◆ 在内底底面挖凹槽

01 根据纸型上的标记，在内底的跖趾关节凸点上做标记。

02 将两个跖趾关节凸点连成一条直线。

03 在距上一步画的线为实际脚长10%处（靠后跟一侧）做标记。

04 以上一步做的标记为基准，画跟跖趾关节线平行的线。

05 这是在内底上画好线的样子。

06 将鞋跟的纸型放在后跟部位，如图根据纸型上的直线在后跟两侧做标记。

07 连接上一步做的标记，画一条直线。

08 这是在后跟部位画了直线的样子。

09 在距内底边缘 4mm 处，用间距规画线。

10 后跟部位也要画上线。

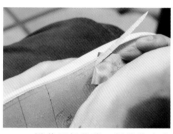

11 沿着画好的线，斜着将内底边缘削薄。

12 皮革边缘留 1.5mm 厚，其余部分斜着削掉。

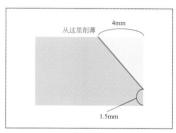

4mm
从这里削薄
1.5mm

13 这是削边缘的角度示意图。

14 这是边缘削好的样子。

15 在距最初未斜着削之前的边缘 10mm 处做标记。

16 用间距规根据上一步做的标记，在内底边缘画线。

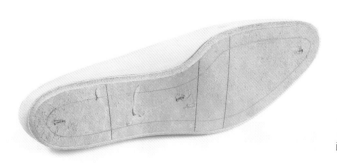

17
画好的线就是在内底底面上挖凹槽用的基准线。

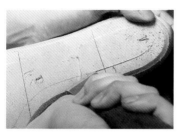

18 在步骤 16 画的线上，用裁皮刀切进 1.5mm，开切口。

19 固定用的钉子如果影响挖凹槽，可以先拔掉再挖。

20 在步骤 16 画的线内侧 10mm 处，斜着插入裁皮刀，直到刀刃碰到步骤 18 开的切口。开始挖凹槽。

21 沿着画好的线，在内底底面上挖一圈凹槽。

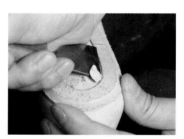

22 后跟部位也要仔细挖，将凹槽连成一圈。

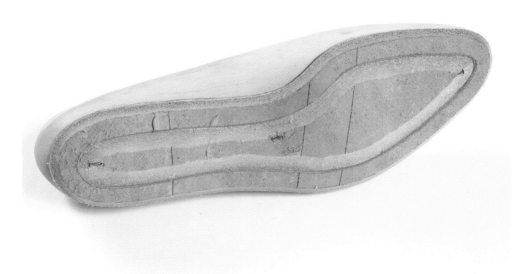

23 这是在内底上挖了一圈凹槽的样子，这属于后面缝内线的准备工作。

制作衬件

这里我们要制作保持鞋型所不可或缺的内包头和主跟。这两个衬件需要分成几部分分别削薄，具体参照右图。将厚度超过 3mm 的皮革削薄，其中有些部分甚至需要做片边出口处理。衬件做得完美与否，会直接体现在皮鞋的外观上，所以一定要认真处理。

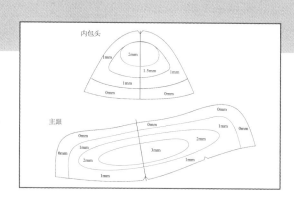

◆ 制作衬件

01 将衬件的纸型放到皮革粒面上，先描边再裁取。

02 用玻璃片刮主跟的粒面。

03 内包头的粒面也要用玻璃片刮一遍。

04 对内包头的肉面做削薄处理。后侧边缘做片边出口处理，注意不要削破。

05 主跟的肉面也要做削薄处理。主跟中心处保留皮革原本的厚度（3mm）。

要点

06 一边用游标卡尺测量皮革的厚度，一边按照指定的厚度做削薄处理。

07 削薄后用水打湿皮革的肉面。

08 接着用玻璃片刮一刮，将肉面修整平滑。

09 这是加工完成的内包头以及主跟，左右两只鞋的要分开制作。

绷楦

德比鞋的绷楦方法跟牛津鞋的没有很大的差别。由于鞋舌、包头和前帮是一体的，纵向上的褶皱会比牛津鞋的难消除，因此，绷侧帮的时候，要更加认真细致地操作，尽量将帮面上纵向的褶皱拉平。

绷楦时，要将衬件先放到帮面和内里之间装好，注意，衬件要先泡软再安装。这样，由于皮革有可塑性，将衬件贴在楦面上定型后，鞋头以及后帮部分会自然成型。

◆ 准备工作

01 将主跟放到水里泡软。

02 后帮帮面的肉面也蘸水打湿，注意不要抹太多水，以免残留水渍弄脏帮面。

03 将前帮帮面的肉面也用刷子蘸水打湿。

04 侧帮帮面的肉面也蘸水打湿。

05 在泡软的主跟的肉面涂上白乳胶。

06 将主跟跟后帮帮面的上边缘对齐粘好。

07 粘好后在主跟的另一面也涂上白乳胶。

08 让后帮内里和后帮帮面的后弧线对齐，夹着主跟，将它们粘在一起。

09 这样，后帮就不易变形了。

◆ 绷楦 1

01 在鞋楦上涂上婴儿爽身粉。

02 把鞋帮套在鞋楦上。

03 先绷前帮顶端。先抻住内里，再拉住帮面一起用钉子固定。

04 前帮顶端固定好后，帮面的样子如图所示。

要点

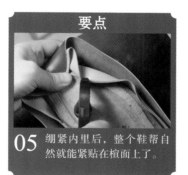

05 绷紧内里后，整个鞋帮自然就能紧贴在楦面上了。

06 接着绷前帮两侧。

07 绷紧后用钉子固定。

08 两侧都用这种方法绷好。

09 前帮先绷这三个点，这是用三点法固定后的样子。

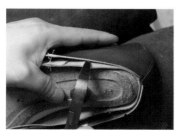

10 前帮固定后，接着绷后帮。在主跟的白乳胶变干之前，先拉紧内里。

11 抻住后帮内里，再将后帮帮面跟内里一起抻住。

12 让后帮的后弧线跟鞋楦的后弧线对齐，不要变换角度，直接绷紧。

13 绷住后帮，检查一下后弧线是否成一条直线。

14 在帮脚后弧线的位置用钉子固定。

要点

15 往身体方向抻后帮，让后帮的统口线跟鞋楦后帮上的钉子对齐，用钉子固定。

16 接着绷后帮两侧，并用钉子固定。

17 后帮用三点法固定后，在狗尾式后帮的下端点钉上钉子，将后帮固定在鞋楦上。

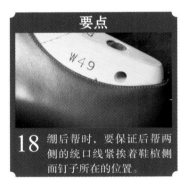

要点

18 绷后帮时，要保证后帮两侧的统口线紧挨着鞋楦侧面钉子所在的位置。

19 准备绷侧帮。要注意调整力道和方向，尽量将帮面上产生的纵向褶皱消除。

20 依次抻住内里和帮面，尽量避免产生缝隙或者偏差。

21 侧帮两侧各用两根钉子固定。

22 这是侧帮两侧各用两根钉子固定后的样子。

23 此时，帮面上的褶皱并未完全消除，不过已经变少了。

24 内外侧统口线要根据脚踝的位置做调整。

◆ 绷楦 2

01 接着进一步绷后帮，先在三个钉子两两之间的中点位置绷帮。

02 在中点绷完帮后，钉子的间隔缩短了。

要点

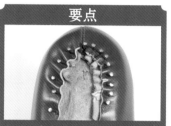

03 右半边绷得密一些，所以右半边的边缘贴得更紧，线条也更自然。

04 接着继续绷左半边未绷完的部分。

05 后帮绷完后，用扁尾锤敲打后帮帮面。

06 后弧线处也要仔细敲一敲，打造出后帮的形状。

07 这是后帮绷完的样子。

08 接下来，更细密地绷侧帮。绷好并钉上钉子固定。

09 鞋腰处很难紧贴在鞋楦上，需要操作者有较高的技艺。

10 其中一侧侧帮的帮脚，钉子之间的间隔仅为 10~15mm。

◆ 粘内包头

01 将前帮固定用的钉子拔掉。

02 拔掉钉子后，将前帮帮面往上翻，让内里露出来。

03 鞋底朝上将鞋放到膝盖上。

04 先在内里前端要绷帮的部分和内底前端的凹槽里涂上强力胶。

05 用三点固定法预固定前帮内里，整理钉子之间的帮脚，整理成细褶子，粘到内底上。

06 调整帮脚的褶子，使其均匀地粘在内底上，尽量避免内里的表面产生褶皱。

07 内里的帮脚向中心靠拢，褶子呈放射状分布。

要点

08 这是前帮内里绷好的样子。

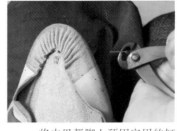

09 将内里帮脚上预固定用的钉子拔掉。

10 用扁尾锤敲打帮脚处的褶子，尽量将其打平。

11 沿着凹槽的轮廓将超出凹槽的内里裁掉。

12 用裁皮刀将凸起的褶子削平。

13 将内包头放到水里泡软。

14 在内包头的表面涂白乳胶。

15 涂了白乳胶的那面朝下，将内包头粘在前帮内里上。

16 按照前帮的形状粘内包头时，边缘容易出现褶皱。

17 调整边缘的褶皱，尽量将表面抹平，让内包头紧贴在前帮内里上。

18 表面抹平粘好后，将边缘的褶皱压平。

19 内包头延展后会紧紧地贴在前帮上。

20 最后用扁尾锤敲打一遍，将褶皱打平。

21 这是内包头粘在前帮内里上的样子。保持这个样子晾几分钟，再进行下一步操作。

✦ 绷楦 3

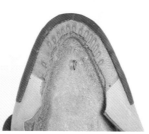

01 在粘在内里上的内包头上涂白乳胶。

02　将帮面翻下来。

03　现在开始绷前帮帮面，先用三点法固定。

04　这是将前帮帮面用三点法固定后的样子。接着进一步细密地绷三个点之间的帮脚。

05　先绷两根钉子中间的帮脚，并钉上钉子固定。

06　接着绷新钉上的钉子与之前钉的钉子中间的帮脚，进一步缩短绷帮间隔。

07　间隔缩小后，底面边缘的线条看起来自然了。这时也可以将多余的绷帮量裁掉。

要点

08　这个部分一直绷到绷帮钳钳口无法插入两根钉子之间，钉子的间距为 2mm 左右。

09　绷完沿着底边边缘敲打一遍，将边缘敲打成型。

10　接着绷另一侧。

11　这里需要将帮面出现的褶皱拉平，所以得用力拉抻帮脚。

12　帮脚绷紧的状态下，整个前帮的线条看起来流畅自然。

13　所有帮脚都绷完后，将底面边缘附近打湿，然后沿着边缘仔细敲打一遍。

14　前帮四周也用扁尾锤敲打一遍。

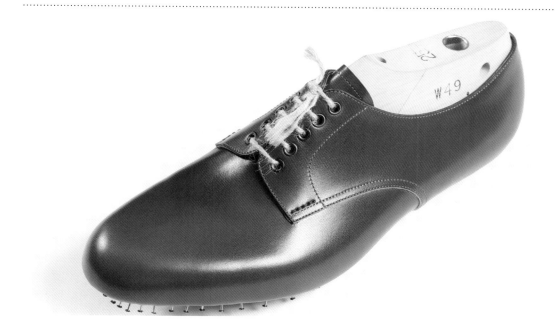

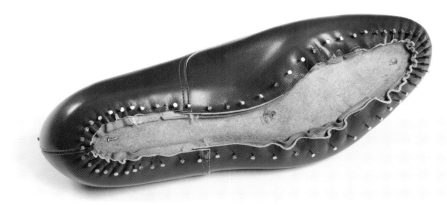

15　这是绷楦完成的样子。鞋帮完全成型，基本可以看出整只鞋的样子了。

缝内线

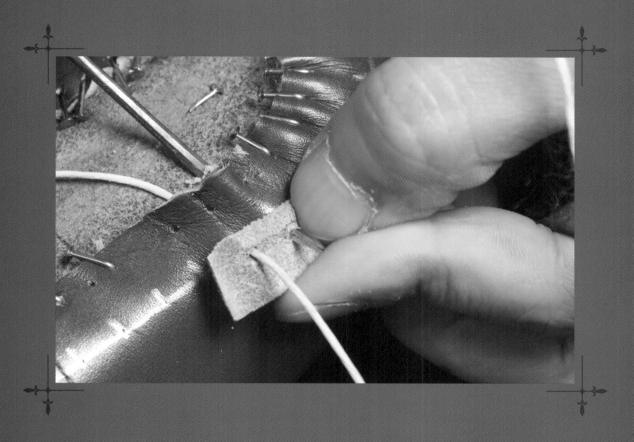

缝内线，是将内底、鞋帮和沿条缝合在一起。由于这双鞋缝合时后跟部位也要缝上沿条，缝合距离较长。绷帮时固定用的钉子，在开缝孔的时候，可以依次拔掉。缝完一处，拔掉相邻的钉子，按照该方法一直缝合下去。

缝内线

通过缝内线，将内底、鞋帮和沿条缝合在一起。缝合方法跟牛津鞋的差不多，区别是整个底边都缝了沿条，这也是德比鞋的特征之一。而牛津鞋的鞋后跟不缝沿条，仅用缝线绕缝在一起了。所使用的大号缝纫针和松香膏的制作方法以及缝线的准备工作等参见牛津鞋缝内线的相关页面。

◆ 做缝孔标记

01 如图用裁皮刀沿着凹槽的轮廓将内底底面上超出凹槽的帮面裁掉。

02 内里也沿着凹槽的轮廓将多余的部分裁掉。

03 在帮脚上距凹槽 14mm 处用装了银笔芯的间距规画线，线距底面边缘 4mm 左右。

04 鞋腰部分也在距内底凹槽约 14mm 处画线。

05 画完后，再用银笔调整一下线迹。

06 图中是在底面周边画了一圈线之后的样子。

要点

07 找出内底上根据鞋跟纸型画的线。

08 将线画清晰。

09 按照 8mm 的间隔在基准线内侧做缝孔标记。

10 这是做好标记的样子。后面，我们会将缝鞋锥从凹槽的断面戳入，再从这些标记处戳出。

◆ 缝内线

01 准备一根长为双臂张开长度的 3.5 倍的缝线。将固定帮脚的钉子的钉帽往内弯折。

02 在沿条的粒面涂上深棕色速干染料。

03 将沿条其中一端肉面 5mm 宽的部分斜着削薄。

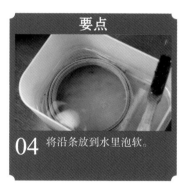

要点

04 将沿条放到水里泡软。

05 将起缝处的钉子拔掉。

06 将内底凹槽部分也蘸水打湿。

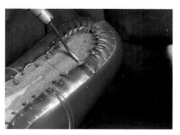

07 将缝鞋锥戳进凹槽，然后从帮脚上做的标记顶端（标记跟基准线的交点）穿出。

08 穿出帮脚的锥尖接着刺穿沿条上的凹槽，将内底、帮脚和沿条连在一起。

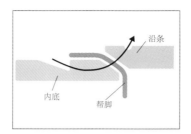

09 将缝纫针从外侧插进缝鞋锥尖所开的孔。

这是缝鞋锥的贯穿示意图。像这样，让缝鞋锥锥尖贯穿内底、帮脚和沿条，开缝孔。

10 拔缝鞋锥的同时，将针从缝孔外侧穿到里侧，将缝线一分为二，让两边长度一样。

11 开好第二个缝孔后，让左右两边的缝纫针各自从所在位置穿到缝孔对面。

12 交换手上的缝纫针，拔出针尖，让左右两边的缝线也穿过缝孔。

13 缝线会同时穿过内底、帮脚和沿条。

14 拉紧两边的缝线，将内底、帮脚和沿条缝合在一起。

15 拔掉下一个缝孔标记旁的钉子，准备缝下一针。重复上面的操作。

16 重复步骤07~14，继续缝内线。

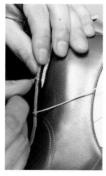

17 缝到只剩最后三个缝孔标记时，调节沿条的长度，在沿条两端重叠在一起的地方做标记。

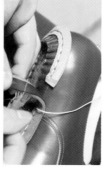

18 沿着做好的标记，在沿条上画线。

要点

19 裁断之前，再一次将沿条两端叠在一起，检查标记线的位置是否正确。

20 在沿条粒面标记线前方 5mm 处斜着将沿条裁断。

21 裁断后，接着缝合，缝到倒数第二个缝孔。

22 在倒数第二个缝孔之前，缝合方法都不变。

23 这是缝合到倒数第二个缝孔时的样子。

24 缝最后一个缝孔的时候，沿条的断面应该会如图所示完美地贴在一起。

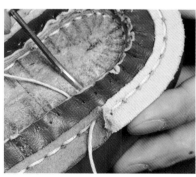

25 将沿条两端的断面贴在一起再开最后一个缝孔。

要点

26 最后一个缝孔，只让外侧的缝线穿过缝孔，两条缝线最后都留在内侧。

27 在凹槽内侧，将两条缝线连打两个死结。

28 打完死结后，将多余的缝线剪掉。

29 如图用裁皮刀将超出沿条的帮面裁掉。

30 同样，将超出沿条的内里也裁掉。

31 把用于将内底固定在鞋楦上的钉子全部拔掉。

32 将固定后帮用的钉子拔掉。

33 这是缝内线完成的样子。底面边缘全缝了沿条。

德比鞋制作教程

装外底

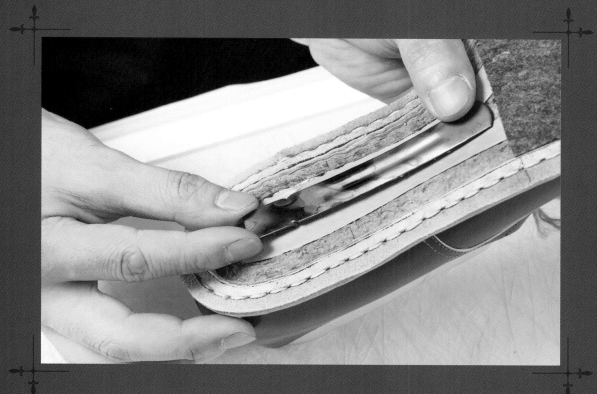

　　为了消除鞋底走路时可能产生的噪声，在鞋底前半部分贴上无纺布，后半部分装上勾心，再用软木碎将内底和外底之间的缝隙填满。沿着周边将外底和沿条缝合在一起后，皮鞋基本定型。注意，外底得等中间层跟软木碎拌在一起的白乳胶完全干了才能安装。

装外底

　　将内底、帮脚和沿条缝合在一起后，接着准备装外底。跟制作牛津鞋时一样，在底面开暗槽，然后用平缝法缝合，后跟部分不挖暗槽，直接用开槽器在底部挖槽埋线。

　　书中的这双德比鞋，外底是用最高级的橡树鞍革（经过橡树植鞣的皮革）制成的，穿上能让人觉得很踏实、很安心。另外，为了避免内底和外底摩擦产生噪声，中间用无纺布和软木碎填充。

◆ 装外底的准备工作

01 用刷子蘸水将内底上的凹槽打湿。

02 缝内线时，缝鞋锥穿过后皮革会凹凸不平，用扁尾锤沿着针脚打一遍，将皮革打平。

03 将沿条也打平。

04 用压边棒从外侧压沿条，将沿条按压平整。

05 裁两条 10mm 宽的带状皮革，将其肉面斜着削去一半，并涂上强力胶。

06 在内底的凹槽处涂上强力胶。

07 沿着凹槽粘带状皮革。

08 带状皮革两端根据凹槽边缘的轮廓裁切。

09 两条带状皮革填平了内底的凹槽。

10 贴上皮革后，用扁尾锤将凹槽打实。

11 将沿条超出内缝线 6mm 的部分裁掉。一定要小心裁切，以免伤到帮面。

12 缝完外线后，还要进一步修整沿条的宽度。

◆ 填充鞋底

01 剪一片比内底大一圈的透明贴纸。

02 将鞋底上的三条横线重新描清晰。

03 如图将透明贴纸平整地贴到内底上。

04 用绘图铅笔沿着底面边缘的轮廓在透明贴纸上描边。

05 底面上的横线也要描到透明贴纸上。

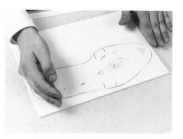

06 画完轮廓和三条横线后，揭下贴纸，贴到绘图纸上。

07 剪一张跟底面前半部分差不多大小的透明贴纸，贴到底面前半部分。

08 将第二条横线描到贴纸上。

09 沿着沿条内侧的轮廓将第二条横线上方的部分描到贴纸上面。

10 第二条横线下方的轮廓不用描，步骤 09 描的轮廓就是无纺布填充层的形状。

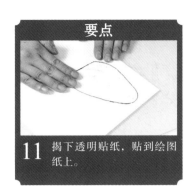

要点

11 揭下透明贴纸，贴到绘图纸上。

12 用美工刀沿着步骤 06 画好的线裁切，裁好的就是外底的纸型。

13 按照步骤 09 画的线裁切的就是无纺布填充层的纸型。

14 将上一步裁好的纸型放到无纺布上，沿着纸型轮廓在无纺布上画线。

15 用剪刀沿着画好的线剪无纺布。这里使用的是 2mm 厚的无纺布。

16 这是根据纸型剪好的无纺布填充层。

17 确定一下无纺布跟底面的粘贴面，在上面涂强力胶。

18 在沿条内侧要跟无纺布粘贴的部分也涂上强力胶。

19 将无纺布跟内底前半部分对准贴合。

20 粘好后，用扁尾锤打实。

21 在勾心的背部也涂上强力胶。

22 在要安装勾心的地方也涂上强力胶。

23 将勾心对准粘上去。

24 用扁尾锤敲打勾心，让勾心内侧的金属脚嵌到内底中。

25 这是在底面贴了无纺布和勾心的样子。

26 没有贴无纺布的部分，用白乳胶和软木碎的混合物填充。

27 混合物要填得比内底稍微高出一点点。

28 在内底后半部分填上软木碎混合物后，静置晾干。

◆ 加工外底

01 外底使用的是 5mm 厚的橡树鞍革。

02 将外底的纸型放在橡树鞍革的粒面，沿着轮廓描边。

03 用裁皮刀沿着画的线在其外侧 1mm 处裁切。

04 这是粗裁好的外底。

05 用裁皮刀将皮革肉面非常粗糙的纤维组织层（大约0.5mm厚）削掉。

要点

06 市面上也有将这层组织处理掉的外底出售。

07 削掉纤维层后，根据纸型在外底肉面上做前面两条横线的标记。

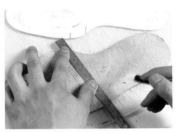

08 连接标记，在外底肉面上画两条横线。

09 这是两条横线画好的样子。

10 以第二条横线为分界线，在外底前半部分距边缘15mm处画线。

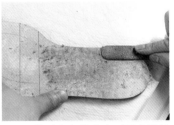

11 将后半部分的肉面用木锉锉毛糙。

12 将步骤10画的线外侧的肉面也用木锉锉毛糙。

13 在锉毛糙的部分涂强力胶，然后将其放到水里泡1个小时。

◆ 粘贴外底

01 检查一下软木碎填充层是否已经干燥，用木锉将表面锉平整。

02 将沿条表面用木锉锉毛糙，注意不要把缝线锉断了。

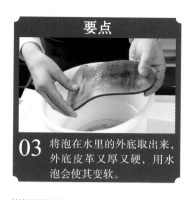

要点

03 将泡在水里的外底取出来，外底皮革又厚又硬，用水泡会使其变软。

04 将外底放到平铺的报纸上。

05 用报纸包住外底，将表面的水分吸干。

06 在底面上除了无纺布填充层以外的部分涂上强力胶。

07 在外底锉毛糙的部分再涂一遍强力胶。

08 肉面朝上拿着外底。

09 调整位置，使外底边缘超出1mm左右，对准粘好。

10 粘好后，检查一下，看看是否粘偏。

11 用扁尾锤从外底中间往两端敲打，将中间的空气排出去。

12 用压边棒从外侧用力按压沿条，将沿条压实。

13 翻到底面，用压边棒将底面磨平整。

14 粘好后，将外底超出沿条的部分裁掉。

15 这是外底粘好的样子。

◆ 在沿条上压装饰纹

01 将美纹纸胶带围着沿条附近的帮面贴一圈。

02 鞋腰处要贴的面积大一些。

03 贴完美纹纸胶带后，再在上面贴上尼龙胶带。

04 将沿条用水打湿。

要点

05 用酒精灯加热齿间距比较宽的印花轮。

06 用滚烫的印花轮沿着沿条印一圈，印上装饰纹。

07 鞋后跟的沿条上也要印上装饰纹。

08 在鞋腰内侧印花轮能压到的地方全印上装饰纹。

09 这是印上装饰纹的样子。印花轮的齿间距，将直接作为缝合时的针距。

◆ 开暗槽

01 在沿条上距离帮面边缘约2mm处，用银笔画缝合基准线。

02 这是在沿条上画好线的样子。

要点

03 鞋腰内侧很难画线，在适当的位置大致开孔即可。

04 底面边缘用锉刀修倒角。

05 接着用玻璃片将倒角修平整。

06 将鞋跟的纸型叠放在后跟部位，沿着纸型前端的边缘在后跟上画线。

07 如图，在后跟分界线上方，距边缘10mm处画线。

08 这条线是开暗槽的标记线。

09 将刀刃从后跟分界线后方10mm处切入，然后沿外底断面距底面1mm处开切口。

10 一直开到分界线另一端后方10mm处。

11 将压边棒插到切口中，将切口撬开。

12 用手指一点儿一点儿地将槽皮往上翻。

13 翻的时候不能太用力，否则粒面被拉伸的话容易起皱。

14 用扁尾锤将翻上去的部分轻轻打一打，打出折痕。

15 在揭开槽皮的部分距边缘 5mm 处，用挖槽器开槽。

16 这道暗槽主要用来埋缝线，大概深 1.5mm。

17 在没有挖暗槽的后跟粒面距边缘 5mm 处，用挖槽器开槽。

18 这是在外底底面边缘开完暗槽和明槽的样子。

◆ 缝外线

01 将缝鞋锥从沿条表面画的缝合基准线戳入，刺穿底面开的槽，开缝孔。

02 在缝外线专用的缝针上穿上缝线，从上一步开的缝孔穿过。缝线的长度为双臂展开长度的 3.5 倍。

03 穿过第一个缝孔后，调整缝线，使缝孔左右两边的缝线一样长。

04 接着开第二个缝孔，让左右两边的缝线依次穿过第二个缝孔。

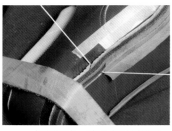

05 拉紧缝线，将针脚埋到槽里。

06 重复步骤 01~05，将外底和沿条缝合在一起。

07 缝线是从沿条表面装饰纹的凹处穿进穿出的，会裹住装饰纹凸起的部分形成针脚。

08 最后缝线要再一次穿过最初的缝孔，用缝鞋锥将最初的缝孔拓宽。

09 缝孔拓宽后，让沿条表面的缝线穿过最初的缝孔。

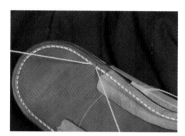

10 现在两条缝线都在鞋底一侧。

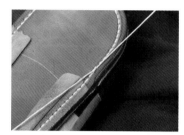

11 拉紧缝线，打死结，将结固定在槽里。

12 尽量贴近死结边缘将多余的缝线剪掉。

13 图中是在鞋底周边缝了一圈线的样子。

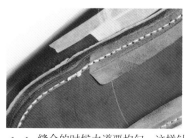

14 缝合的时候力道要均匀，这样针脚看起来就会比较整齐。太过用力的话，沿条表面的针脚会勒住沿条，针脚就不规整了。相反，缝线没有拉紧，使沿条和外底之间产生缝隙的话，会影响鞋的舒适度。所以，缝合时拉缝线的力道要适宜。

◆ 合槽皮

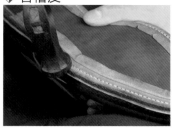

01 用扁尾锤沿着针脚敲一遍，将变形的粒面敲平整。

02 将开了槽皮的部分的表面用木锉锉毛糙。

03 将上翻的槽皮肉面也用糙一点儿的砂纸磨毛糙。

04 如图在开了槽皮的部分涂上强力胶。

05 用水将外底后跟分界线前方的粒面打湿。

06 一点点地将槽皮贴回原处。

07 合完槽皮后，用扁尾锤敲一遍，再用压边棒压一遍，将整个底面压平整。

08 将超出针脚3mm的底面裁掉。

09 一边确认裁皮刀裁切的位置跟针脚的距离，一边慢慢裁，尽量裁整齐一些。

10 至此，外底安装完成，皮鞋基本定型。

装鞋跟

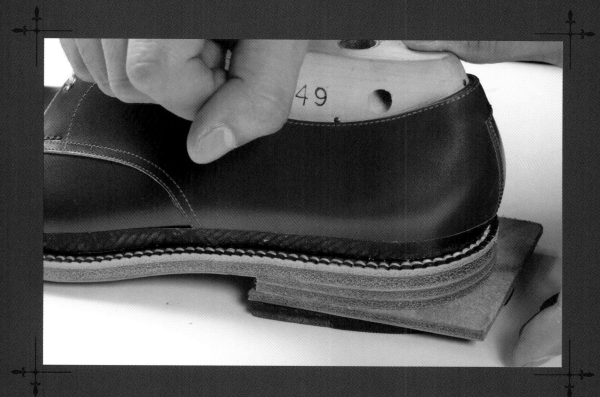

　　由于鞋底一圈都缝了沿条，后跟部分的弧度只需做最小限度的调整。因此，这里无须使用盘条，直接放上增加高度用的鞋跟里皮来调整后跟的弧度以及角度即可。安装重点是调整鞋跟里皮，使鞋跟全面着地。

装鞋跟

由于德比鞋鞋底一圈都缝了沿条，安装鞋跟时需要调整的弧度比牛津鞋少很多，因此可以不使用调整弧度的盘条，只需安装增加高度用的鞋跟里皮和天皮。后跟的弧度以及角度的调整，主要通过第一张增加高度用的鞋跟里皮来调整，其余鞋跟部件基本无须再做任何角度的调整，可以直接安装。装在最底部的天皮，种类多样，可以根据个人喜好选择。

◆ 固定外底

01　缝合后要先在后跟周边钉木钉。将纸型叠放在后跟上，沿顶端边缘在外底上画线。

02　这是画好的线，该线将作为安装鞋跟的基准线。

03　确定钉木钉的位置。要在距边缘18mm处钉木钉。

04　在后跟上距边缘18mm处画线。

05　在上一步画的线上每隔1cm做钉木钉的标记。

06　根据标记，用短锥开孔。

07　这是在步骤04画的线上开了孔的样子。

08　将木钉钉到孔里。

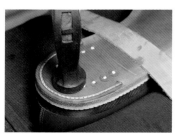

09　所有孔都钉上木钉后，用扁尾锤打进去。

10 用木锉将后跟的粒面锉毛糙。

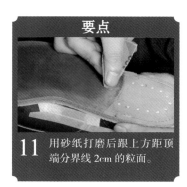

要点

11 用砂纸打磨后跟上方距顶端分界线 2cm 的粒面。

12 打磨后，分界线会变得模糊，借助于鞋跟纸型再一次画线。

13 重新画线后，后跟部分看起来一清二楚。

◈ 安装鞋跟里皮 1

01 这双德比鞋的鞋跟由三张增加高度用的鞋跟里皮和一张天皮构成。

02 鞋跟只靠第一张鞋跟里皮来整平。根据外底的弧度，对里皮的肉面做削薄处理。

03 前端分界线处往外凸得比较厉害，相应地，鞋跟里皮的这部分肉面要削得薄一些。

04 其他部分从里往外稍稍削薄。

05 用木锉将削薄的肉面修平滑。

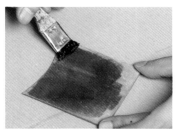

06 削薄后，在鞋跟里皮的肉面涂上强力胶。

07 在外底的后跟部分也涂上强力胶。

08 将鞋跟里皮的顶端与外底上鞋跟的分界线对齐粘好。

09 粘好后，用扁尾锤将每个角落都敲打一遍，将鞋跟里皮粘牢。

10 沿着后跟的轮廓将鞋跟里皮多余的部分裁掉。

11 裁好后，用扁尾锤敲打平整。

12 用木锉将该层鞋跟里皮的粒面刮掉，将表面刮毛糙。

◆ 安装鞋跟里皮 2

01 将剩余的鞋跟部件叠放到鞋跟下面，检查有无缝隙。

02 确定没有缝隙后，在第二张增加高度用的鞋跟里皮上涂强力胶。

03 在鞋跟上也涂上强力胶，将第二张鞋跟里皮对准鞋跟粘好，让前端超出 1mm。

04 粘好第二张鞋跟里皮后，用扁尾锤打实。

05 沿着鞋跟边缘的轮廓，将超出的部分裁掉。

06 在鞋跟底面上距边缘 15mm 处画线，在线上每隔 10mm 做钉钉子的标记。

07 用短锥在上一步做的标记上开孔。

08 在上一步开的孔内钉上木钉，然后敲打平整。

09 用木锉打磨鞋跟底面。

◆ 安装鞋跟里皮 3

01 在鞋跟下面放上剩余的鞋跟部件，查看有无缝隙。

02 在要粘贴的两个面上都涂上强力胶。

03 粘上第三张增加高度用的鞋跟里皮。

04 同样，让第三张鞋跟里皮前端超出 1mm。

05 粘好后用扁尾锤敲打。

06 将超出底边轮廓的部分裁掉。

07 再次用扁尾锤敲打。

08 如图在鞋跟底面距边缘 15mm 处画线。

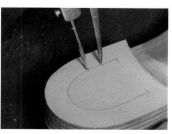

09 在上一步画好的线上，每隔 10mm 做钉钉子的标记。

235

10 这次要使用的是铁钉，长度不能大于鞋跟的厚度（这里使用的是 19mm 长的）。

11 根据步骤09做的标记钉钉子。

12 可以用上钉器钉。

13 钉帽不能露在鞋底外面，要将整根钉子全钉进鞋跟里面。

◆ 安装天皮

01 在鞋跟底面涂两遍强力胶。

02 同样，在天皮的橡胶面也涂上强力胶。

03 将天皮粘到鞋跟上。

04 粘好后，用扁尾锤敲打天皮。

05 将超出鞋跟底边轮廓的天皮裁掉。

06 天皮的橡胶层比较硬，裁的时候要夹紧胳膊，将力道集中在刀刃上。

07 这是鞋跟安装好的样子。

整饰外观

  终于到了最后一步，现在我们要对各个部分进行抛光整饰。用烙铁烫压鞋底断面、染色并上蜡后，断面就会硬得像木头一样。鞋底先磨掉粒面，然后用海萝胶打磨，再用鞋底油抛光。鞋帮也要用鞋油抛光。各部分都进行了恰当的抛光处理后，这双德比鞋就做好了。

对各个部位进行打磨抛光

装好鞋跟后，皮鞋基本定型，剩下的就是最后的打磨抛光工作。要将整个鞋底（包括鞋跟断面）修平整，染色，然后上蜡抛光。断面的抛光处理会在很大程度上影响皮鞋的美观度，所以一定要耐心操作。

鞋帮在涂了皮革护理油护理后，还要用鞋油抛光。鞋底也要用海萝胶打磨一遍。每个部分都抛光后，将皮鞋从鞋楦上脱下来，对内底也进行抛光处理，最后穿上鞋带，德比鞋就制作完成了。最后的这些操作比较烦琐，不可分心，一定要坚持到完工。

◆ 整饰鞋跟

01 将鞋跟纸型放在鞋跟上，再确认一遍鞋跟的形状。

02 沿着纸型的轮廓，修整鞋跟。

03 在鞋跟断面前端的两侧，斜着画前端边缘的修整线。

04 上一步画的线将作为修整鞋跟前端断面的标记线。

05 将鞋跟纸型放在鞋跟上，沿着纸型前端的轮廓在鞋跟底面画线。

06 根据底面和侧面画的线条，将鞋跟前端的断面修整成型。

07 然后蘸水将侧边的断面打湿。

08 用扁尾锤的扁头敲打侧边的断面，将纤维组织打实，这样可以提高皮革的强韧度。

09 如图，将皮革前端断面的切口修成直线。

10 根据画好的线将鞋跟前端的断面修得具有一定的弧度。

11 用木锉打磨鞋跟侧边的断面，天皮的橡胶层也要打磨。

12 鞋底其他断面也用木锉打磨。

13 鞋跟前端断面也用木锉打磨。

14 这是各部分的断面打磨成型的样子。

◆ 钉装饰钉

01 首先用锉刀将鞋跟底面的卷边磨掉。

02 鞋跟前端的卷边也要磨掉。

03 用砂纸将鞋跟底面打磨一遍。

04 也可以用玻璃片刮。

05 在图中所示的这一侧皮革上距边缘 5mm 处画线。

06 如图在距前端边缘 5mm 处也画上线。

07 另一侧也在距边缘 5mm 处画线。

08 将鞋跟纸型对准步骤 06 画的线，在线的中点做记号。

09 在底面皮革部分画的线的交点以及步骤 08 做的标记上，用圆锥开孔。

10 在孔上钉上装饰钉。

11 用扁尾锤将整个鞋底仔细敲打一遍，将底面打平。

12 这是钉上装饰钉的样子。这几处都钉上装饰钉后，其余的可以随自己的喜好装饰。

◆ 打磨抛光断面

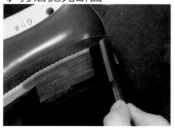

01 用水将鞋跟断面打湿。

02 鞋跟前端的断面也要打湿。

03 鞋底的其他断面也要打湿。

04 用玻璃片刮鞋跟断面，将表面修平整。

05 鞋底的断面也要用玻璃片修平整。

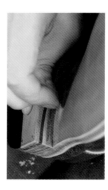

06 鞋跟前端的断面也用玻璃片修一遍。

07 如图，用玻璃片修过之后鞋底断面的线条更加自然光滑了。

◆ 整饰断面

01 用180目的防水砂纸打磨鞋跟断面。

02 鞋底的断面也用180目的防水砂纸打磨。

03 同样，鞋跟前端的断面也用180目的防水砂纸打磨。

 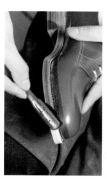 

04 将鞋跟断面都用水打湿。

05 鞋底的断面也用水打湿。

06 打湿后再次用前面用过的180目的防水砂纸打磨。

07 打磨后，每个断面都变得更加光滑了。

08　给断面施加压力的话，断面的上下边缘会因此而翘起，用压边棒挤压沿条表面。

09　底面边缘也用压边棒按压。

10　用裁皮刀给沿条边缘修倒角。

要点

11　一边修倒角，一边目测皮鞋左右两侧边缘修得是否一致。

12　用锉刀将底面的卷边磨掉。

13　用 180 目的砂纸打磨鞋底的底面。

14　这是鞋底断面和底面初步加工完的样子。

◆整饰鞋底

01　用水将沿条表面打湿。

02　加热印花轮，顺着沿条表面的装饰纹再印一遍。

03　烫印一遍后，针脚就紧紧附着在沿条表面了，缝孔也闭合了。

要点

04　也可以用月牙状烙铁顺着沿条表面的装饰纹，挨个烫一遍。

05 再次用水将鞋底的各个断面打湿。

06 用尺寸跟鞋底断面相当的鞋底边缘专用烙铁烫压鞋底的断面。

07 鞋跟的断面用方块头烙铁和银杏叶状烙铁烫压。

08 底面边缘也用银杏叶状烙铁烫压。

09 烫压后断面的纤维组织变紧凑了。

10 用水将鞋跟边缘打湿。

11 用窄边烙铁将润湿的鞋跟边缘烫压紧实。

12 鞋跟边缘烫压紧实后，鞋跟的强韧度增强了。

烙铁烫过的样子

用烙铁在润湿的皮革上烫过后，皮革的纤维组织收缩，皮革的强韧度增强了。因此，边缘等负荷比较大的部分，一定要仔细烫压，以增强强韧度。

◆ 对断面和底面进行抛光

01 用深棕色速干染料染断面，注意不要染到鞋底上。

02 沿条表面用毛笔蘸染料染色，缝线也要染成同一颜色的。

03 这是断面各部分染完色的样子。除了黑色之外的其他染料，包括这里使用的棕色染料，随着染的次数增多，颜色会不断加深，因此涂染料时尽量每个部位都涂同样的次数，以保证上色均匀。

04 加热磨边蜡的前端让其熔化。

05 用熔化的磨边蜡给断面上蜡。

06 这是给断面上完蜡的样子。尽量每个部位都涂抹均匀。

07 鞋跟断面也要仔细上蜡。

08 选择尺寸合适的鞋底边缘专用烙铁，加热。

09 将专用烙铁贴着断面，让蜡均匀渗透到断面里。

10 鞋跟断面用银杏叶状烙铁烫压，让蜡渗透到断面里。

11 底面边缘也要用加热过的磨边蜡擦一擦。

12 鞋跟底面皮革部分的边缘也要用加热过的磨边蜡擦一擦。

13
用窄边烙铁在擦了蜡的鞋跟底面边缘压上装饰边框。

14
底面边缘也用窄边烙铁压上装饰边框。

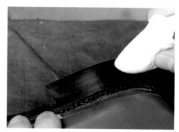

15 用棉纱布反复擦上过蜡的鞋跟断面，直至断面出现光泽。

16 鞋底断面也同样用棉纱布反复擦拭，直至出现光泽。

17 在鞋跟断面最上方用烙铁压线器压上装饰线。

18
这是在鞋跟断面压上装饰线的样子。

19 在鞋底底面涂上海萝胶。

20
鞋跟底面的皮革部分也要涂上海萝胶。

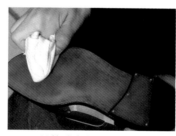

21 用棉纱布打磨抛光涂过海萝胶的底面。

22 如图用膝盖夹住鞋子，用力打磨底面。

23
这是底面经过抛光处理的样子。

24 最后再检查一下鞋底各个断面的抛光效果。

◆ 抛光鞋面

01 将贴在鞋帮上起保护作用的胶带揭掉。

02 将鞋耳上面预固定用的绳子剪断。

03 将绳子从鞋眼中抽掉。

04 用刷子将鞋帮上的灰尘等脏东西轻轻刷掉。

05 在鞋帮上均匀地涂皮革护理油，给帮面做营养保湿护理。

06 在鞋耳的边缘及帮面和沿条的接缝处涂上深棕色鞋油。

07 用棉纱布反复擦拭涂过鞋油的边缘。

08 将不深不浅的棕色鞋油均匀地涂抹在整个鞋帮帮面上。

09 涂完后，用干净的棉纱布仔细擦拭抛光。

10 用棉纱布蘸鞋底油擦拭鞋底底面。

11 在整个鞋底底面（包括鞋跟底面的皮革部分）仔细涂上鞋底油。

◆ 抛光内底

01 用扁尾锤敲打鞋楦的统口断面，使内底前端翘起。

02 拔掉鞋楦前端。

03 双手握住皮鞋，往上拔鞋跟，将皮鞋脱下来。

04 用尖嘴钳将露在内底上的木钉夹断。

05 用内底用的锉刀打磨内底后跟部位。

06 将内底后跟周边木钉凸出的部分磨掉。

07 在后跟垫的肉面涂上皮革软胶，粘到后跟部位。

08 粘贴位置确定好后，用力按压粘紧。

◆ 穿鞋带

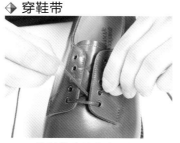

01 将鞋带从最前方的鞋眼表面穿进去，让图中左边的鞋带从右边第二个鞋眼里穿出。

02 让右边的鞋带，从左边第三个鞋眼里面穿到表面。

03 将右边第二个鞋眼表面的鞋带从左边第二个鞋眼穿进去，再从右边第四个鞋眼里穿出。

04 将左边第三个鞋眼表面的鞋带从左边第三个鞋眼穿进去，再从左边第五个鞋眼里穿出。

05 将右面的鞋带从左边第四个鞋眼穿进去，再从右边第五个鞋眼里穿出。

06 将左右两边的鞋带打结。

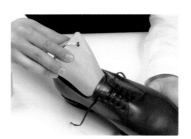

07 存放时，要在鞋里塞上鞋撑。鞋撑由前、中、后三部分组成，先塞鞋头的鞋撑。

08 接着塞帮助后帮保持形状的鞋撑。

09 最后在鞋头和后帮的鞋撑之间塞入中间的鞋撑。德比鞋鞋帮部件比较大，绷楦绷得是否漂亮，会大大地影响成品鞋的样子。

添加休闲元素，
展示非凡设计能力

开放式鞋耳设计的德比鞋，不同于严肃正式的牛津鞋，其风格主要取决于添加了多少柔和感以及休闲元素。而决定这一切的主要在于所使用的鞋楦的楦型以及沿条的宽度，更重要的是制作者脑海里是否能完美地想象出成品鞋的样子。拥有非凡的设计能力，以及具有能将设计付诸实践的高超技艺，才是能成功制作一双德比鞋的关键。反之，不管哪一项能力缺失，都不可能做出完美的作品。

写在后面

将手工皮鞋的制作技艺
传承给下一代

　　本书收录了手工制鞋大师三泽则行老师制作两款最基础的男鞋——牛津鞋和德比鞋的全过程。

　　许多手工鞋匠都是通过拜师学艺，认真钻研，花费很长很长的时间和很多精力，才最终成为能独当一面的手艺人。初期阶段，即使严格按照老师的指导操作，由于技艺不娴熟而失败的例子也比比皆是；即使全部理解消化书中所有的制作知识，没有相应的技艺作为支撑，也很难成功制作出一双像样的皮鞋。譬如，书里所提到的用缝纫机车缝一事，每每提到，无非简单地用"用缝纫机沿着皮革边缘车缝一遍"这么几个字表达，看起来相当简单，也很容易理解，不过只有实际脚踩缝纫机踏板上机缝合时才能体会到其中的不易。像这类技艺的掌握，并无捷径可走，只能靠勤奋加练习。

　　皮鞋缝制工作中，不能全部用具体精确的数字传达。虽然我们并不想用匠人的直觉等这类玄乎的表达方式来描述，但是，不可否认的是，厉害的手工鞋匠在长年累月的技艺钻研中，凭经验自然而然会产生类似的直觉。即使是同样的操作步骤，不同的手工鞋匠完全可能采用不同的手法以及数据。因此，本书所介绍的制作方法，只是纯粹属于"三泽则行式制鞋法"，其中自然会有一些不同于其他匠人的制作手法以及考量。当然，肯定也有共通的部分，请手工爱好者根据自己习惯的方式进行制作，本书仅提供一个参考范本。手工制鞋，原本就在展现每个制作者在风格、习惯等方面的独特之处。

　　在量产消费文化盛行的大环境下，耗时耗力的手工艺品渐渐成了被淘汰之物。手工制鞋的技艺，也算其中一种吧。如果，本书所记录的制鞋技艺能将手工制鞋的一星半点传承到下一代，我们也甚觉欣慰。

体会"手工皮鞋"的含义

本书的审订者三泽则行的"MISAWA & WORKSHOP"工作室，汇集了各式各样的纯手工皮鞋，是接受高档手工定制的工作室，里面也有教授正规手工制鞋技艺的教室。

三泽则行

本书的审订者，也是"MISAWA & WORKSHOP"工作室的法人代表，专门接受手工定制的手工鞋匠，在日本属于少有的既会制作男鞋也会制作女鞋的手作达人，不仅在日本，在其他国家也获得了非常高的评价。另外，近年来三泽老师开始追求手作艺术的表现价值，在这一领域非常活跃。

工作室的鞋柜里，三泽老师亲手制作的皮鞋整齐地摆放着。这些皮鞋是使用各种各样的素材以及采用不同的设计制作而成的，充分展示了三泽老师作为皮鞋手作达人的精湛技艺和设计能力。别的鞋柜里还陈列着在德国举办的国际鞋匠技能比赛中的获奖作品以及在日本皮革工艺展中获奖的作品

MISAWA & WORKSHOP 工作室，成立于 2011 年，是一间接受手工皮鞋定制的工作室。工作室的手工制鞋代表三泽则行老师，在日本作为手工鞋匠积攒了一些经验后，又到奥地利维也纳进修，并在当地的制鞋厂作为打版师一边工作一边探究纯手工鞋的制作技艺。自己的手工皮鞋工作室成立后，他依然在皮革工艺大师的指导下学习工艺和艺术方面的相关知识，进一步追求皮鞋制作的美学价值。而他也因自己孜孜不倦的钻研精神，取得了很多成绩，包括在德国举办的国际鞋匠技能比赛中获得金奖以及在日本皮革工艺展中获得文部科学大臣奖等各类奖项。

　　MISAWA & WORKSHOP 工作室制作的皮鞋是在三泽老师这样优秀的手艺人所积攒的丰富经验的指导下，使用鞋楦，像本书所介绍的一样，所有过程全靠人的双手完成的纯手工皮鞋。一双手工皮鞋的价格大概为30 万日元（折合人民币近 2 万元），真的不便宜，但是作为由拥有一流手艺的手艺人为个人量身定制的独一无二的皮鞋而言，相信绝对是物有所值的。

　　三泽老师所做的皮鞋，不仅实用性强，同时也具有工艺品独有的美学价值。当然，也只有在该工作室才能订购得到。

MISAWA & WORKSHOP

工作室
邮编：116-0002
东京都荒川区荒川 5-46-3.1F

教室
邮编：116-0002
东京都荒川区荒川 5-4-2
新日本 TOKYO BLD.4F

营业时间（预约制）
周二、四、五 11:00~19:00
周三、六、日 17:00~19:00
周一为休息日

手工制鞋的所有技艺，在这里都能学到

在教室里，讲师会根据学生的基础，一一亲自指导。即使是第一次接触皮革的初学者，只要跟着教学计划掌握了相应的知识，大概半年后就能自己制作鞋子了。来这里学习的，有以成为专业的手工鞋匠为目标的，也有纯粹因兴趣而学想打发休闲时间的，虽然大家的目标不同，但是我们会把正宗的制鞋技艺教授给每个学习者。此外，工作室还出售各种制鞋必备的工具和材料，包括书中使用的鞋楦，还有各种进口工具等，种类丰富齐全。有意向购入者，欢迎随时咨询联系

来我们教室学习的，男女老少都有，每个人的
目标和方向各不相同。学生们可以自己制订学
习目标，在这里进修和钻研

　　MISAWA & WORKSHOP 工作室运营的手工制鞋
教室名叫 THE SHOEMAKER'S CLASS。

　　传统上，学习制鞋技艺都需要拜师，然后作为学徒
跟着老师傅学习。这里，我们工作室不收学徒，而是开
办学习教室，从手工制鞋的基础知识开始，有各种相应
的教学课程——有面向从未碰过皮革的初学者的"初学
者体验课程"，也有以培养不仅会打版制作更会制作鞋
楦的职业匠人为终极目标的"高端课程"，当然还有培
养国际化手工鞋匠的"巨匠课程"。在学习教室，三泽
老师和三泽老师所信赖的讲师们，会根据学生的基础，
在实践过程中为他们提供相应的技术指导，而学生们可
以直接从一流大师那里学习真正实用的制鞋技艺。

　　THE SHOEMAKER'S CLASS 教授传统的制鞋技
艺，使人们在现代生活中还能窥见传统工艺的精髓，也
算是为保留传统文化做一些力所能及的微薄贡献。

著作权合同登记号　图字：01-2017-3902

图书在版编目（CIP）数据

手工男鞋制作教科书 / 日本高桥创新出版工房编著；（日）三泽则行审订；陈巧兰译. —北京：北京科学技术出版社，2019.3

ISBN 978-7-5304-9741-8

Ⅰ . ①手… Ⅱ . ①日… ②三… ③陈… Ⅲ . ①男鞋 – 制作 Ⅳ . ① TS943.721

中国版本图书馆 CIP 数据核字（2018）第 151934 号

手工男鞋制作教科书

作　　者：日本高桥创新出版工房		审　　订：〔日〕三泽则行	
译　　者：陈巧兰		策划编辑：李雪晖	
责任编辑：樊川燕		责任印制：张　良	
出 版 人：曾庆宇		出版发行：北京科学技术出版社	
社　　址：北京市西直门南大街 16 号		邮　　编：100035	
电话传真：0086-10-66135495（总编室）		0086-10-66113227（发行部）	
0086-10-66161952（发行部传真）			
电子信箱：bjkj@bjkjpress.com		网　　址：www.bkydw.cn	
经　　销：新华书店		印　　刷：北京捷迅佳彩印刷有限公司	
开　　本：787mm×1092mm　1/16		印　　张：16.75	
版　　次：2019 年 3 月第 1 版		印　　次：2019 年 3 月第 1 次印刷	

ISBN 978-7-5304-9741-8 / T・998

定价：158.00 元